Reihe *leicht gemacht*®

Herausgeber:
Prof. Dr. Hans-Dieter Schwind, Hochschullehrer
Dr. jur. Dr. jur. h.c. Helwig Hassenpflug

Rechnungswesen

leicht gemacht

Buchführung und Bilanz nicht nur für Juristen,
Betriebs- und Volkswirte an Hochschulen,
Fachhochschulen und Berufsakademien

2., überarbeitete Auflage

von

Dr. Stephan Kudert
Professor an der Europa-Universität Viadrina
und

Dr. Peter Sorg
Professor an der Fachhochschule für Wirtschaft,
Berlin School of Economics, Berlin

Ewald von Kleist Verlag, Berlin

2., überarbeitete Auflage des Titels
„Bilanzrecht – *leicht gemacht*"

ISBN 3-87440-209-6
Ewald v. Kleist Verlag, Pücklerstraße 8, 14195 Berlin
www.kleist-verlag.de
Alle Rechte bei Ewald v. Kleist Verlag, Berlin
Gestaltung: ramminger Corporate & Marketing Communication GmbH
Druck & Verarbeitung: Druck und Service GmbH

Vorwort zur 2. Auflage

Der Erfolg der 1. Auflage hat eine Neubearbeitung nach nur 2 Jahren veranlasst, bei der die Darstellung aktualisiert wurde. Dies konnte zum Anlass genommen werden, auch diesen Band in der neuen Gestaltung der Reihe vorzulegen.

Unser Buch soll dem Leser einen Zugang zur Materie ermöglichen und das notwendige Faktenwissen vermitteln, um eine Prüfung über Buchführung und handelsrechtliche Bilanzierung zu bestehen. Es orientiert sich an dem bewährten didaktischen Vorbild der bislang in der Reihe „... *leicht gemacht*" erschienenen fallorientierten Einführungen. Die dort entwickelten studientechnischen Hinweise sollten Sie auch in diesem Band genau beachten:

Langsam lesen. Bei jeder im Text aufgeworfenen Frage vor dem Weiterlesen erst selbst nachdenken. Zusammenhänge, die man versteht, muss man nicht auswendig lernen!

Alle Leitsätze und Übersichten genau einprägen und vor Beginn einer neuen Lektion wiederholen.

Alle erwähnten §§ im Gesetz nachschlagen und durchlesen, markieren und – sofern dies Ihre Prüfungsordnung gestattet – Randvermerke machen.

Außerdem ist es sicher hilfreich, wenn Sie sich angewöhnen, stets auf einem Blatt Papier Ihre Falllösungen anhand eines T-Kontos zu skizzieren.

In der Neugestaltung sind Merk- und Leitsätze besonders hervorgehoben:

Gelegentlich werden wichtige Informationen schlicht überlesen. Textstellen, bei denen dies keinesfalls geschehen sollte, sind mit dieser Kennung markiert. Diese Hinweise sollten also sehr bewusst zur Kenntnis genommen werden.

Leitsatz

Die Leitsätze sind durch das Ausrufezeichen markiert. Sie sind der Extrakt einer Lektion und sollten daher besonders intensiv zur Kenntnis genommen und verstanden werden. Gleiches gilt für die Übersichten.

Wir hoffen, dass auch dieser Band weiterhin das Interesse der Leser findet. Für Hinweise auf Fehler, Anregungen und Kritik sind wir dankbar. Leser können kostenlos unter http://steuern.euv-frankfurt-o.de/veranstaltungunter/rw1/index.html, „1.000 Fragen und Aufgaben zum Bilanzrecht" mit Lösungshinweisen sowie zwei komplette Musterklausuren mit ausführlichen Lösungen abrufen. Dozenten können per Email kostenlos eine begleitende Powerpointpräsentation beziehen.

Rosengarten/Berlin, im September 2005

Prof. Dr. Stephan Kudert

Prof. Dr. Peter Sorg
Steuerberater

Inhaltsübersicht

Leitsatz- und Übersichtenverzeichnis _____ 6

Inhaltsverzeichnis _____ 8

Betriebswirtschaftliche Grundlagen des Bilanzrechts

Lektion 1   Buchführung und Bilanzrecht zur Abbildung der
betrieblichen Realität _____ 13

Lektion 2   Der Jahresabschluss als Teilbereich des
Rechnungswesens _____ 18

Die doppelte Buchführung

Lektion 3   Grundlagen der doppelten Buchführung _____ 34

Lektion 4   Technik der doppelten Buchführung _____ 64

Das Bilanzrecht nach HGB und IAS/IFRS

Lektion 5   Rechtsgrundlagen des handelsrechtlichen
Jahresabschlusses _____ 90

Lektion 6   Informationen über die Vermögens- und
Ertragslage _____ 107

Lektion 7   Anschaffungskosten _____ 119

Lektion 8   Herstellungskosten _____ 138

Lektion 9   Planmäßige Abschreibungen beim abnutzbaren
Anlagevermögen _____ 154

Lektion 10   Außerplanmäßige Abschreibungen _____ 162

Lektion 11   Periodenübergreifende Zahlungen _____ 169

Lektion 12   Das Eigenkapital als Saldogröße _____ 191

Abkürzungsverzeichnis _____ 198

Sachregister _____ 201

Leitsatz- und Übersichtsverzeichnis

L 1 Der Zugangsschlüssel zum Bilanzrecht _____ 14
Ü 1 Leistungs- und Geldströme zwischen einem Unternehmen
und seiner Umwelt _____ 15
Ü 2 Teilbereiche des Rechnungswesens _____ 19
Ü 3 Die Aufgaben des Modells handelsrechtlicher
Einzeljahresabschluss _____ 25
Ü 4 Die Aufgaben der Teilbereiche des Rechnungswesens _____ 28
Ü 5 Zusammenhang der Grundbegriffe des Rechnungswesens _ 32
L 2 Funktion der Grundbegriffe des Rechnungswesens _____ 33
L 3 Buchführung _____ 34
L 4 Buchführungspflicht _____ 36
Ü 6 Buchführungspflichten nach Handels- und Steuerrecht ____ 39
L 5 Inventur und Inventar _____ 46
L 6 Die Bilanz _____ 52
Ü 7 Aktivtausch _____ 52
Ü 8 Passivtausch _____ 53
Ü 9 Aktiv-Passiv-Mehrung _____ 54
Ü 10 Aktiv-Passiv-Minderung _____ 55
L 7 Buchungssatz und T-Konto _____ 62
L 8 Erfolgsneutrale Buchungen _____ 74
Ü 11 Eröffnungs-, laufende und Abschlussbuchungen _____ 80
Ü 12 Erfolgsermittlung _____ 82
Ü 13 Beispiele für Erfolgskonten _____ 83
L 9 Erfolgswirksame Buchungen _____ 84
L 10 Abschluss der Erfolgskonten _____ 88
Ü 14 Laufende und Abschlussbuchungen bei Erfolgskonten _____ 89
L 11 Zweistufiger Aufbau des Bilanzrechts _____ 92
L 12 Bestandteile des Jahresabschlusses _____ 99
L 13 Vorsichts-, Realisations- und Imparitätsprinzip _____ 110
L 14 Bewertung von Vermögensgegenständen _____ 111
L 15 Eigenkapital und Ertragswert _____ 115
L 16 Umsatzsteuerzahllast _____ 122
Ü 15 Das Allphasen-Netto-USt-System _____ 123
L 17 Vorsteuerabzug _____ 124
Ü 16 Bestandteile der Herstellungskosten
gem. § 255 Abs. 2 HGB 1 _____ 138
L 18 Die GuV nach GKV und UKV _____ 152

L 19 Planmäßige Abschreibungen _____ 161
L 20 Das Niederstwertprinzip _____ 163
L 21 Periodenübergreifende Zahlungen _____ 178
L 22 Rückstellungen _____ 190
Ü 17 Erweiterte Distanzrechnung _____ 192

Inhaltsverzeichnis

Betriebswirtschaftliche Grundlagen des Bilanzrechts __ 13

Lektion   1   Buchführung und Bilanzrecht zur Abbildung der
              betrieblichen Realität _____ 13
              1   Modellbildung und Modellanalyse _____ 13
              2   Das Modell Buchführung
                  und Jahresabschluss _____ 14
              3   Sachzielabhängige Bilanzierung _____ 17
Lektion   2   Der Jahresabschluss als Teilbereich
              des Rechnungswesens _____ 18
              1   Das interne Rechnungswesen _____ 19
                  1.1 Die Kosten- und Leistungsrechnung ____ 21
                  1.2 Die Investitionsrechnung _____ 22
                  1.3 Die Finanzplanung _____ 23
              2   Das externe Rechnungswesen _____ 23
                  2.1 Der handelsrechtliche Einzelabschluss __ 24
                  2.2 Der handelsrechtliche
                      Konzernabschluss _____ 27
                  2.3 Die Steuerbilanz _____ 28
              3   Der Grundsatz der Pagatorik
                  (Zahlungsbezogenheit) _____ 29
                  3.1 Aus- und Einzahlungen
                      in der Finanzplanung _____ 29
                  3.2 Ausgaben und Einnahmen
                      in der Investitionsrechnung _____ 30
                  3.3 Aufwand und Ertrag
                      im externen Rechnungswesen _____ 31
                  3.4 Kosten und Leistungen
                      in der Kostenrechnung _____ 33

Die doppelte Buchführung _____ 34

Lektion 3 Grundlagen der doppelten Buchführung _____ 34
1 Aufgaben der doppelten Buchführung _____ 34
2 Buchführungspflichten nach
Handels- und Steuerrecht _____ 35
3 Inventur und Inventar _____ 41
4 Form und Inhalt der Bilanz _____ 49
5 Die vier Grundtypen erfolgsneutraler
Geschäftsvorfälle _____ 52
5.1 Aktivtausch
(Vermögensumschichtung) _____ 52
5.2 Passivtausch (Kapitalumschichtung) ___ 53
5.3 Aktiv-Passiv-Mehrung
(Bilanzverlängerung) _____ 54
5.4 Aktiv-Passiv-Minderung
(Bilanzverkürzung) _____ 55
6 Die zwei Formalien
der doppelten Buchführung _____ 57
6.1 Das T-Konto _____ 58
6.2 Der Buchungssatz _____ 61
7 Organisation der Buchführung _____ 63

Lektion 4 Technik der doppelten Buchführung _____ 64
1 Buchungen auf Bestandskonten _____ 64
1.1 Auflösung der Eröffnungsbilanz
über das Eröffnungsbilanzkonto (EBK) _ 64
1.2 Bilden von Buchungssätzen und
Buchungen auf reinenBestandskonten _ 68
1.3 Abschluss der Bestandskonten
über das Schlussbilanzkonto (SBK) _____ 73
2 Buchungen auf Erfolgskonten _____ 81
2.1 Auflösung des Eigenkapitalkontos in
Aufwands- und Ertragskonten _____ 81
2.2 Bilden von Buchungssätzen und
Buchungen auf reinen Erfolgskonten ___ 84
2.3 Abschluss der Erfolgskonten
über das Gewinn- und Verlustkonto
(GuV-Konto) _____ 87

Das Bilanzrecht nach HGB und IAS/IFRS _____ 90

Lektion   5   Rechtsgrundlagen des handelsrechtlichen
              Jahresabschlusses _____ 90
          1   Die Entwicklung des deutschen Bilanzrechts
              aufgrund der Industrialisierung _____ 90
          2   Die Europäisierung des
              deutschen Bilanzrechts ____ _____ 91
              2.1 Die Bilanz als zeitpunktbezogene
                  Bestandsabbildung _____ 93
              2.2 Die Gewinn- und Verlustrechnung als
                  zeitraumbezogeneDarstellung der
                  Ertragslage _____ 94
              2.3 Ergänzungen nach §§ 264 ff. HGB
                  für Kapitalgesellschaften _____ 96
                  2.3.1 Der Anhang als Teil
                        des Einzelabschlusses _____ 96
                  2.3.2 Der Lagebericht als Ergänzung des
                        Einzelabschlusses _____ 98
                  2.3.3 Prüfung, Offenlegung und
                        Konzernrechnungslegung _____ 99
          3   Die Globalisierung
              des deutschen Bilanzrechts _____ 104
Lektion   6   Informationen über die
              Vermögens- und Ertragslage _____ 107
          1   Die GoB und der true and fair view _____ 107
          2   Realisations-, Imparitäts- und
              Wertaufhellungsprinzip als
              zentrale Bewertungs-GoB _____ 107
          3   Objektivierung durch Ansatz-GoB _____ 113
              3.1 Die Bilanzierung nach
                  § 246 Abs. 1 Satz 1 HGB _____ 115
              3.2 Das Bilanzierungsverbot nach
                  § 248 Abs. 2 HGB _____ 116
Lektion   7   Anschaffungskosten _____ 119
          1   Die Anschaffungskosten
              gemäß § 255 Abs. 1 HGB _____ 119
              1.1 Der Anschaffungspreis _____ 119
              1.2 Die Allphasen-Netto-Umsatzsteuer ____ 121
              1.3 Die Anschaffungsnebenkosten _____ 126

1.4 Die nachträglichen
Anschaffungskosten _____ 127
1.5 Die Anschaffungspreisminderungen ___ 128
1.5.1 Rabatte _____ 128
1.5.2 Skonti _____ 129
1.5.3 Boni _____ 131
2 Buchung des Warenverkehrs in
Handelsunternehmen _____ 131
2.1 Das gemischte Warenkonto _____ 132
2.2 Die getrennten Warenkonten _____ 133
2.2.1 Die Anwendung der Bruttomethode _ 134
2.2.2 Die Anwendung der Nettomethode ___ 135
2.3 Rücksendungen im Warenverkehr _____ 136

Lektion   8 Herstellungskosten _____ 138
1 Die Herstellungskosten
gemäß § 255 Abs. 2 HGB _____ 138
1.1 Die Einzelkosten
als Pflichtbestandteile _____ 139
1.2 Die Gemeinkosten
als Wahlbestandteile _____ 140
2 Buchung der Halb- und Fertigfabrikate
in Industrieunternehmen _____ 143
2.1 Buchung bei einstufigen
Produktionsprozessen nach dem
Gesamtkostenverfahren _____ 145
2.2 Buchung bei einstufigen
Produktionsprozessen nach dem
Umsatzkostenverfahren _____ 150
2.3 Buchung bei zweistufigen Produktionsprozessen nach dem UKV und GKV ___ 152

Lektion   9 Planmäßige Abschreibungen beim abnutzbaren
Anlagevermögen _____ 154
1 Abnutzung und Abschreibungen _____ 154
2 Die lineare Abschreibung _____ 157
3 Die geometrisch-degressive Abschreibung __ 158
4 Die arithmetisch-degressive Abschreibung __ 159
5 Die progressive Abschreibung _____ 160
6 Die leistungsbezogene Abschreibung _____ 160

Lektion 10 Außerplanmäßige Abschreibungen _____ 162
     1   Vorsichts-, Imparitäts- und
        Niederstwertprinzip _____ 162
     2   Buchung der
        außerplanmäßigen Abschreibung _____ 163
     3   Bewertung von Forderungen aus
        Lieferungen und Leistungen _____ 165
Lektion 11 Periodenübergreifende Zahlungen _____ 169
     1   Die Zahlung erfolgt vor der Gegenleistung _ 171
        1.1 Geleistete und erhaltene Anzahlungen _ 171
        1.2 Aktive und passive
            Rechnungsabgrenzungsposten _____ 174
     2   Die Zahlung erfolgt nach
        der Gegenleistung _____ 176
        2.1 Forderungen und Verbindlichkeiten aus
            Lieferungen und Leistungen _____ 176
        2.2 Exkurs: Das Disagio bei
            Bankverbindlichkeiten _____ 179
        2.3 Rückstellungen _____ 181
        2.3.1 Verbindlichkeits- und
              Aufwandsrückstellungen _____ 183
        2.3.2 Drohverlustrückstellungen _____ 187
Lektion 12 Das Eigenkapital als Saldogröße _____ 191
     1   Zusammensetzung und Änderung des
        Eigenkapitals _____ 191
     2   Das Eigenkapital bei Einzelunternehmen ___ 192
     3   Das Eigenkapital bei
        Personengesellschaften _____ 193
     4   Das Eigenkapital bei Kapitalgesellschaften _ 195

Betriebswirtschaftliche Grundlagen des Bilanzrechts

Lektion 1

Buchführung und Bilanzrecht zur Abbildung der betrieblichen Realität

„Buchführung und Bilanzierung sind trocken und langweilig!" Fast jeder Leser hat diesen Satz schon gehört, viele von Ihnen würden ihn wahrscheinlich bestätigen. Die erste Lektion dieser Einführung soll der Frage nachgehen, warum sich dieses – natürlich von den Verfassern missbilligte – Vorurteil so hartnäckig in den Köpfen vieler Studierender hält und unseres Erachtens doch falsch ist. Dies soll Ihnen den mentalen Zugang zur Materie erleichtern.

1 Modellbildung und Modellanalyse

 Ein Modell ist eine vereinfachte Abbildung der Realität.

Die Realität ist oft so komplex, dass man einzelne Wirkungszusammenhänge kaum überblicken kann. Durch die Modellbildung erfolgt eine Reduktion dieser komplexen Zusammenhänge, um sie so besser zu verstehen. Charakteristisch dabei ist, dass diejenigen Aspekte der Realität hervorgehoben werden, die für eine bestimmte Fragestellung als wesentlich erachtet, während unwesentliche Aspekte vernachlässigt werden. Diese Vereinfachung auf ein überschaubares gedankliches Gebilde soll einen Erkenntnisgewinn ermöglichen, der Wirkungszusammenhänge erklärbar macht und uns in die Lage versetzt, Entscheidungen zu treffen.

Das Krankenblatt eines Patienten in einer Klinik ist z. B. eine modellhafte Abbildung der Realität, ebenso die Gebrauchsanweisung einer Videokamera und die Statistik über die Notenverteilung bei der letzten Buchführungs- und Bilanzrechtsklausur.

Auch die wöchentliche Tabelle der Fußballbundesliga ist ein Modell. Die für die bedeutende Menschheitsfrage „Wer ist im nationalen Vergleich bislang die erfolgreichste Mannschaft?" wesentlichen Aspekte der Realität (Tabellenplatz, Anzahl der Spiele, Tor- und Punktekonto jeder Mannschaft) werden in ihr abgebildet. Andere Aspekte (z. B. Aussagen über das Alter der Spieler, ihre Hobbys oder ihren Gesundheitszustand), die für andere Fragestellungen durchaus wichtig sein können, werden vernachlässigt. Mit dem Modell könnte auch die Frage beantwortet werden, ob eine Mannschaft schon uneinholbar ist, am letzten Spieltag ein Unentschieden ermauern sollte oder einen hohen Sieg benötigt. Es können also nicht nur Wirkungen analysiert, sondern aus dem Modell auch Entscheidungen abgeleitet werden.

2 Das Modell Buchführung und Jahresabschluss

Die Buchführung und der Jahresabschluss sind eine modellhafte Abbildung der betrieblichen Realität. Die Realität wird auf ökonomische Kenngrößen (z. B. Gewinn und Vermögen) reduziert. Durch die Quantifizierung sind Messungen und Vergleiche dieser Kenngrößen möglich. Die Informationsempfänger versuchen, durch die Analyse des Modells die betriebliche Realität zu verstehen, um hieraus Marktentscheidungen ableiten zu können.

Wird in der Buchführung der Gewinn eines Unternehmens festgestellt (gemessen), so lässt er sich etwa mit Gewinnen anderer Geschäftsjahre (Zeitvergleich) oder anderer Unternehmen der gleichen Branche (Branchenvergleich) oder mit einer Sollgröße (Soll-Ist-Vergleich) vergleichen.

Leitsatz 1

! **Der Zugangsschlüssel zum Bilanzrecht**
Sie sollten die Informationen aus diesem Buch nicht einfach auswendig lernen, sondern jeweils darüber nachdenken, welche betriebliche Realität sich hinter einem Bilanzposten, einer speziellen Bewertung, einem T-Konto oder einem Buchungssatz verbirgt. Wer das Bilanzrecht trocken und langweilig findet, hat diesen Zusammenhang wahrscheinlich nicht verstanden oder schlicht kein Interesse an der ökonomischen Beurteilung von Unternehmen!

Bedenken Sie, dass das Lesen oder Analysieren einer Fußballbundesliga-tabelle i. d. R. nicht ergiebig ist, sofern der Leser keine Vorstellung über Fußball hat. Ebenso verhält es sich mit der Buchführung und der Bilan-zierung. Wer keine Vorstellung über die betriebliche Realität hat, kann nicht wirklich erwarten, dass er durch das Analysieren der Zahlen der Buchführung und des Jahresabschlusses einen Erkenntnisgewinn erzielt.

Buchführung und Jahresabschluss (wie Sie ja nun wissen: als modellhafte Abbildung der betrieblichen Realität) reduzieren zunächst die komplexen Beziehungen des Unternehmens auf die Darstellung der Finanz- und Gü-terbestände und -bewegungen in Form von Geld- und Leistungsströmen. Die Beziehungen des Unternehmens zu seiner Umwelt lassen sich, wie Übersicht 1 zeigt, in einen leistungswirtschaftlichen und in einen finanz-wirtschaftlichen Bereich unterteilen.

Übersicht 1: Leistungs- und Geldströme zwischen einem Unternehmen und seiner Umwelt

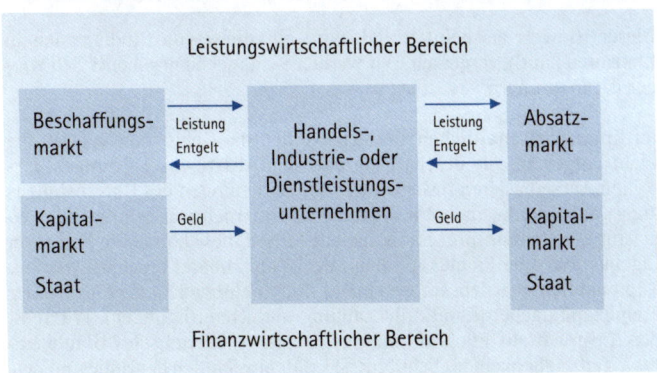

Der leistungswirtschaftliche Bereich umfasst die Beschaffung von Produktionsfaktoren, deren Kombination im Betrieb und den Absatz der erstellten Leistungen. Leistungen, die das Unternehmen vom Beschaffungsmarkt bezieht oder am Absatzmarkt erbringt, können Sachgüter, Immaterialgüter, Dienstleistungen, Arbeitsleistungen, Nutzungen und andere marktfähige Leistungen sein. Die Beschaffungs- und Absatzvorgänge werden i.d.R. entgeltlich durchgeführt. Es bestehen also marktmäßige Beziehungen. Dabei muss die Bezahlung nicht zwingend zeitgleich mit der Leistungserbringung erfolgen. Somit entstehen Forderungen, Verbindlichkeiten und Anzahlungen. Jede Zahlung, die im leistungswirtschaftlichen Bereich erfolgt, wird irgendwann in der Buchführung als Aufwand bzw. Ertrag ausgewiesen.

Bedenken Sie bitte, dass ein Gewinn erst dann entstehen kann, wenn einem Unternehmen für die abgesetzte Leistung mehr Entgelt zusteht (Ertrag), als es selbst für die am Beschaffungsmarkt erworbenen Leistungen aufwenden muss (Aufwand).

Dieser Hinweis erscheint trivial, wird allerdings von Studierenden in Klausuren häufig vergessen. Wir werden Sie daher zu gegebener Zeit wieder daran erinnern.

Im finanzwirtschaftlichen Bereich werden die Geldströme erfasst, die nicht Entgelt für die Beschaffung oder den Absatz von Leistungen darstellen. Diese basieren insbesondere auf Beziehungen des Unternehmens zum Kapitalmarkt und zum Staat. Jedes Unternehmen benötigt für den Leistungserstellungsprozess finanzielle Mittel. Diese können in Form von Eigenkapital oder Fremdkapital auf dem Kapitalmarkt beschafft werden. Kapitalabfluss aus dem Unternehmen sind Zahlungen an die Eigen- oder Fremdkapitalgeber (Kapitalrückzahlung und Kredittilgungen). Während der Anspruch auf Rückzahlung des Kredits (Forderung des Gläubigers bzw. Verbindlichkeit des Schuldners) i.d.R. hinsichtlich der Höhe und Zeit vertraglich fixiert ist, haben die Eigenkapitalgeber erst bei Liquidation des Unternehmens einen Anspruch auf Eigenkapitalrückzahlung.

Die Kapitalgeber erwarten außerdem für die Kapitalnutzungsrechte ein Entgelt (Dividenden oder Zinsen). Die Zinsen werden i.d.R. (aber nicht immer) zu einem festen Prozentsatz des gewährten Darlehens vereinbart

(z. B. 8 %), die Dividenden (auch Gewinnausschüttungen oder Beteiligungserträge genannt) sind hingegen gewinnabhängig. Die Zinsen (Entgelt für die Kapitalnutzung) sind, anders als die Eigen- bzw. Fremdkapitalzahlungen selbst, nicht Teil der finanzwirtschaftlichen, sondern des leistungswirtschaftlichen Bereichs (Entgelt für eine Nutzungsüberlassung).

Der Staat wirkt auf das Unternehmen ein, indem er ihm zum einen finanzielle Mittel entzieht (z. B. in Form von Steuern), zum anderen finanzielle Mittel zur Verfügung stellen kann (Subventionen). Diese gehören zum finanzwirtschaftlichen Bereich, weil den jeweiligen Zahlungen keine marktmäßigen Gegenleistungen gegenüberstehen.

3 Sachzielabhängige Bilanzierung

Wenn Buchführung und Jahresabschluss modellhafte Abbildungen der Realität sind, darf es nicht verwundern, dass diese Abbildungen bei unterschiedlichen Unternehmenstypen auch unterschiedlich aussehen. Es wird noch zu zeigen sein, dass der Jahresabschluss in Abhängigkeit vom Sachziel des Unternehmens unterschiedlich ausgestaltet sein kann.

Handelsunternehmen sind dadurch gekennzeichnet, dass die Waren, die sie beschaffen, ohne Weiterverarbeitung abgesetzt werden (Beispiele sind Supermärkte und Autohändler). Es findet nach der physischen Beschaffung lediglich eine Lagerung bis zum Absatz statt. Die Abbildung des betrieblichen Transformationsprozesses ist daher auch relativ einfach. Man bildet die Zugänge und Bestände in so genannten Warenbestands- oder Wareneinkaufskonten ab, die Abgänge werden auf Warenverkaufskonten erfasst.

Industrieunternehmen hingegen beschaffen Roh-, Hilfs- und Betriebsstoffe und verarbeiten diese im Produktionsprozess zu neuen Produkten (Beispiele sind Bekleidungs- oder Automobilhersteller). Der Produktionsprozess ist i. d. R. mehrstufig, d. h., es werden zunächst unfertige Erzeugnisse hergestellt, die dann zu Fertigfabrikaten verarbeitet werden. In der Praxis finden sich Unternehmen mit zahlreichen Produktionsstufen und entsprechenden Zwischenlagern, die wiederum in der Buchführung abzubilden sind. Daher sind bei diesen Unternehmen weitaus mehr Konten auszuweisen, auf denen die Zugänge, Bestände und Abgänge der Vorräte, der unfertigen Erzeugnisse und der Fertigfabrikate erfasst werden.

Dienstleistungsunternehmen haben die Besonderheit, dass die Dienstleistungen immer gemeinsam mit so genannten externen Faktoren (Produktionsfaktoren, die der Kunde zur Verfügung stellt) hergestellt werden. Beispiele sind Friseure, Taxiunternehmen und Steuerberatungsunternehmen. Anders als bei Industrieunternehmen spielen hier Lagerbestände von Halb- oder Fertigfabrikaten keine Rolle. So ist es eben nicht möglich, Haarschnitte, Taxifahrten oder Steuererklärungen zu produzieren und zu lagern, um dann zu hoffen, dass danach ein Kunde diese Güter kauft. Die Immaterialität der Leistungen führt jedoch grundsätzlich zu größeren Bewertungsproblemen als etwa bei Handelsunternehmen.

Diese Dreiteilung stellt idealtypische Unternehmen dar. In der Praxis ist jedes Unternehmen zugleich Handels-, Industrie- und Dienstleistungsunternehmen; nur die Gewichtungen sind verschieden.

Ihnen ist spätestens nach dieser sehr kurzen Lektion 1 bewusst, dass die ökonomischen Vorgänge in einem Unternehmen vielschichtig und spannend sein können. Wenn Sie in den folgenden Lektionen immer wieder daran denken, dass es beim Rechnungswesen darum geht, diese ökonomische Realität abzubilden, wird Ihnen das Bilanzrecht doch nicht so trocken und langweilig vorkommen wie im ersten Satz dieses Buches unterstellt. Also: Viel Erfolg und viel Spaß beim Lesen!

Lektion 2

Der Jahresabschluss als Teilbereich des Rechnungswesens

Wie Sie aus Lektion 1 wissen, stellt der Jahresabschluss als Teil des Rechnungswesens Informationen über die betriebliche Lage und das betriebliche Geschehen bereit. Dies geschieht durch die zahlenmäßige Erfassung wirtschaftlich relevanter Vorgänge. Informationsbedürfnisse besitzen sowohl Personen im Unternehmen (Management) als auch externe Personen (insbesondere Finanzbehörden, Anteilseigner und Gläubiger).

Während das interne Rechnungswesen Informationen für Personen im Unternehmen zur Verfügung stellt, wendet sich das externe Rechnungswesen primär an Außenstehende.

Übersicht 2: Teilbereiche des Rechnungswesens

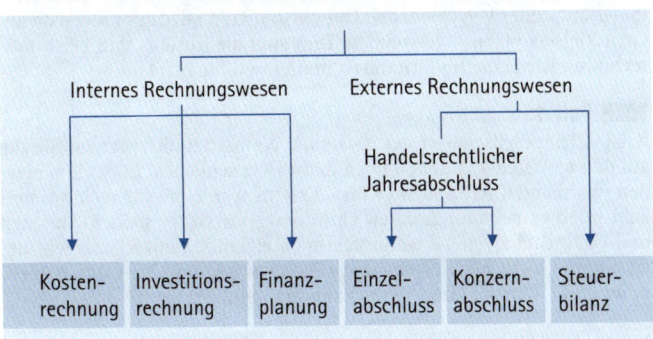

1 Das interne Rechnungswesen

Das interne Rechnungswesen soll dem Management entscheidungsrelevante Informationen über das Unternehmen zur Verfügung stellen. Es ist somit ein Instrument zur Informationsgewinnung für unternehmerische Entscheidungen. Da Informationsempfänger und Informationsgeber identisch sind, existieren (zumindest theoretisch) keine Interessengegensätze. Der Informationsgeber hat grundsätzlich ein Interesse daran, dass die Informationen, die das Rechnungswesen liefert, vollständig und richtig sind. Gesetzliche Vorschriften über das interne Rechnungswesen sind aus diesem Grund nicht erforderlich. Vielmehr wird das interne Rechnungswesen nach den individuellen Bedürfnissen des Unternehmens aufgebaut.

Ob und wie ein internes Rechnungswesen aufgebaut sein sollte, ist keine Frage, die der Gesetzgeber regelt, sondern die Unternehmensführung.

Da die erhobenen Daten unterschiedlichen Aufgaben dienen sollen, haben sich drei Teilbereiche des internen Rechnungswesens entwickelt, die in enger Verbindung zueinander stehen und häufig das gleiche Zahlenmaterial – unter verschiedenen Gesichtspunkten oder mit unterschiedlichen Zielsetzungen – verwenden. Dies sind die Kosten- und Leistungsrechnung sowie die Investitionsrechnung und Finanzplanung.

Fall 1

X ist Alleingesellschafter der X-GmbH. Wahrscheinlich werden Sie ihn auf den nächsten 177 Seiten noch in Ihr Herz schließen. In der ihm eigenen charmanten Art pöbelt er los: „Erstens werde ich für meine GmbH kein internes Rechnungswesen einführen. Das kostet sowieso nur Zeit und Geld. Und zweitens wollte ich mich eigentlich mit Bilanzrecht befassen und nicht mit Kosten- und Leistungsrechnung, Investitionsrechnung und Finanzplanung." Was kann man ihm erwidern?

X muss kein internes Rechnungswesen in seiner GmbH einführen. Wenn er glaubt, dass das Management das Unternehmen ohne entscheidungsrelevante Informationen führen kann, darf die X-GmbH darauf verzichten. Allerdings haben Externe (z. B. Gläubigerbanken, Konkurrenten und potentielle Anteilseigner) i.d.R. ein großes Interesse an der Ertrags-, Vermögens- und Finanzlage des Unternehmens.

Weiter mit Fall 1
„Haha, selbst wenn die X-GmbH ein internes Rechnungswesen hätte, würde ich es den externen Adressaten nicht zeigen. Oder ich gebe ihnen einfach falsche und unvollständige Informationen", höhnt X.

Deshalb ist es eine zentrale Aufgabe des Bilanzrechts, die Unternehmen zu verpflichten, den externen Informationsempfängern solche Informationen zur Verfügung zu stellen, die es ermöglichen, Informationen aus der Kosten- und Leistungsrechnung, Investitionsrechnung und Finanzplanung zu rekonstruieren! Daher ist es zunächst notwendig, kurz auf die Aufgaben des internen Rechnungswesens einzugehen.

1.1 Die Kosten- und Leistungsrechnung

Mit der Kosten- und Leistungsrechnung werden im Wesentlichen drei Ziele verfolgt:

1) **Preiskalkulation und Preisbeurteilung**
   Die Kosten- und Leistungsrechnung dient der Ermittlung von kurzfristigen und langfristigen Preisuntergrenzen auf den Absatzmärkten und der Festlegung von Preisobergrenzen auf den Beschaffungsmärkten.

2) **Wirtschaftlichkeitskontrolle**
   Bei der Wirtschaftlichkeitskontrolle soll festgestellt werden, ob die verwendeten Ressourcen ökonomisch eingesetzt wurden. In der Plankostenrechnung werden für einzelne Unternehmensbereiche und das Gesamtunternehmen die Sollkosten geplant und später mit den tatsächlichen Kosten (Istkosten) verglichen. Abweichungen werden anschließend analysiert, um eventuell Gegenmaßnahmen einzuleiten und/oder Sanktionen zu verhängen.

3) **Erfolgsermittlung und Bestandsbewertung**
   Durch die Gegenüberstellung von Kosten und Leistungen wird der kurzfristige Unternehmenserfolg ermittelt. In der kurzfristigen Erfolgsrechnung (KER) kann nach Stück-, Bereichs- und Betriebserfolg differenziert werden. Daneben liefert die Kostenrechnung Informationen für das externe Rechnungswesen. Hierzu gehören insbesondere die Ermittlung von Herstell(ungs)kosten bei selbsterstellten Anlagen und die Bewertung des Vorratsvermögens.

In der Kostenrechnung wird der Begriff **Herstellkosten** verwendet, während in der Buchführung von **Herstellungskosten** gesprochen wird. Mehr dazu in Lektion 8.

1.2 Die Investitionsrechnung

Unter Investitionen versteht man betriebliche Tätigkeiten, die mit einer Ausgabe beginnen und später zu unterschiedlichen Zeitpunkten Ausgaben und Einnahmen erwarten lassen. Bevor eine Investition getätigt wird, ist zu prüfen, ob diese dem Unternehmensziel (z. B. Maximierung der Konsummöglichkeiten der Eigentümer) dienlich ist. Man bedient sich dazu der Investitionsrechnung, die geplante Investitionen in Bezug auf ihre quantifizierbaren Konsequenzen bewertet. Das Standardverfahren ist dabei die Kapitalwertmethode. Sie gehört zu den so genannten dynamischen Investitionsrechenverfahren.

Bei der Kapitalwertmethode werden neben der Anschaffungsausgabe die abgezinsten Einnahmenüberschüsse (Einnahmen ./. Ausgaben jeder Planungsperiode = Ertragswert) ermittelt. Sofern die Summe einen positiven Kapitalwert (Net Present Value NPV) ergibt, ist die geplante Investition rentabler als die im Abzinsungsfaktor enthaltene Mindestverzinsung (Alternativanlage, Finanzierungskosten oder Sollrendite).

$$NPV = A_0 + \underbrace{\sum_{t=1}^{T} (\text{Einnahmen}_t - \text{Ausgaben}_t)\,(1+i)^{-t}}_{\text{Ertragswert der Investition}}$$

A_0 = Anfangsausgabe
t = Planungsperiode
$(1+i)^{-t}$ = Abzinsungsfaktor

Bedenken Sie, dass sich dieses Modell auf jede Investition (z. B. Kauf einer Maschine, Einstellung eines neuen Mitarbeiters, Kauf einer Unternehmensbeteiligung) anwenden lässt. Wenn A_0 die Anschaffungskosten eines Vermögensgegenstandes sind, ist seine Anschaffung nur hinreichend rentabel, wenn sein Ertragswert A_0 deckt (Werthaltigkeit einer Investition).

1.3 Die Finanzplanung

Die Finanzplanung hat die Aufgabe, die Zahlungsfähigkeit (Liquidität) des Unternehmens zu sichern. Die große Bedeutung der Finanzplanung ergibt sich daraus, dass ein Unternehmen, das seinen Zahlungsverpflichtungen nicht nachkommen kann, von der Insolvenz bedroht ist. Die Insolvenz bedeutet meist das Ende des Unternehmens.

Im Rahmen eines Finanzplans werden die in der Zukunft erwarteten Einzahlungen und Auszahlungen einander gegenübergestellt, um damit frühzeitig künftige Liquiditätslücken aufzudecken. So können rechtzeitig geeignete Maßnahmen (z.B. Kreditaufnahme, Generierung zusätzlicher Umsätze, Verschiebung von Auszahlungen) zur Sicherung der Liquidität des Unternehmens getroffen werden.

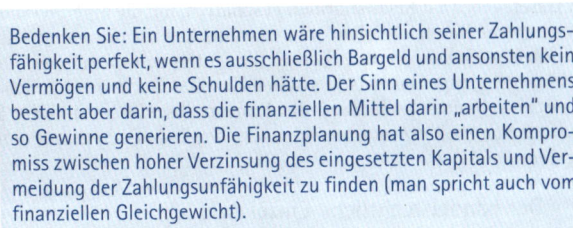

Bedenken Sie: Ein Unternehmen wäre hinsichtlich seiner Zahlungsfähigkeit perfekt, wenn es ausschließlich Bargeld und ansonsten kein Vermögen und keine Schulden hätte. Der Sinn eines Unternehmens besteht aber darin, dass die finanziellen Mittel darin „arbeiten" und so Gewinne generieren. Die Finanzplanung hat also einen Kompromiss zwischen hoher Verzinsung des eingesetzten Kapitals und Vermeidung der Zahlungsunfähigkeit zu finden (man spricht auch vom finanziellen Gleichgewicht).

2 Das externe Rechnungswesen

Eine zentrale Aufgabe des externen Rechnungswesens besteht in der Deckung des Informationsbedarfs externer Personengruppen. Dabei handelt es sich um die (Eigen- und Fremd-)Kapitalgeber, um den Fiskus (Finanzverwaltung) und um die sonstige interessierte Öffentlichkeit (z.B. Konkurrenten).

Die Eigenkapitalgeber (Eigentümer des Unternehmens) erwerben einen Anteil am Unternehmen. Sie erhalten dafür Mitspracherechte und Gewinnansprüche. Die Fremdkapitalgeber stellen finanzielle Mittel gegen Verzinsung befristet zur Verfügung. Sie besitzen grundsätzlich keine Mitspracherechte im Unternehmen. Die wichtigsten Fremdkapitalgeber sind in Deutschland die Banken. Aber auch Arbeitnehmer (mit ihren Pensionsansprüchen), Zulieferer (durch Lieferantenkredite) und Geldanleger auf dem Kapitalmarkt (über Schuldverschreibungen am Rentenmarkt) stellen dem Unternehmen Fremdkapital zur Verfügung.

Im Gegensatz zum internen Rechnungswesen fallen im externen Rechnungswesen Informationsgeber und Informationsempfänger auseinander. Der Informationsgeber, das Management eines Unternehmens, ist grundsätzlich nicht bereit, alle ihm zur Verfügung stehenden Informationen an Unternehmensexterne weiterzugeben. Anders als im internen Rechnungswesen besteht im externen Rechnungswesen gerade kein natürliches Bedürfnis, den Informationsempfängern vollständige und richtige Informationen über die Lage des Unternehmens und das betriebliche Geschehen zur Verfügung zu stellen. Sie erinnern sich an Fall 1

Der Gesetzgeber hat Rechtsnormen geschaffen, um die divergierenden Interessen von Bilanzierendem und verschiedenen Informationsempfängern auszugleichen. Er verpflichtet die Unternehmen zur periodischen Rechnungslegung. Dabei ist zwischen der Erstellung des handelsrechtlichen Einzeljahresabschlusses, des Konzernabschlusses und der Erstellung der Steuerbilanz zu unterscheiden, deren Aufgaben im Folgenden skizziert werden.

2.1   Der handelsrechtliche Einzelabschluss

Das Bilanzrecht hat drei zentrale Funktionen: die Dokumentations-, die Informations- und die Zahlungsbemessungsfunktion.

Übersicht 3: Die Aufgaben des Modells handelsrechtlicher Einzeljahresabschluss

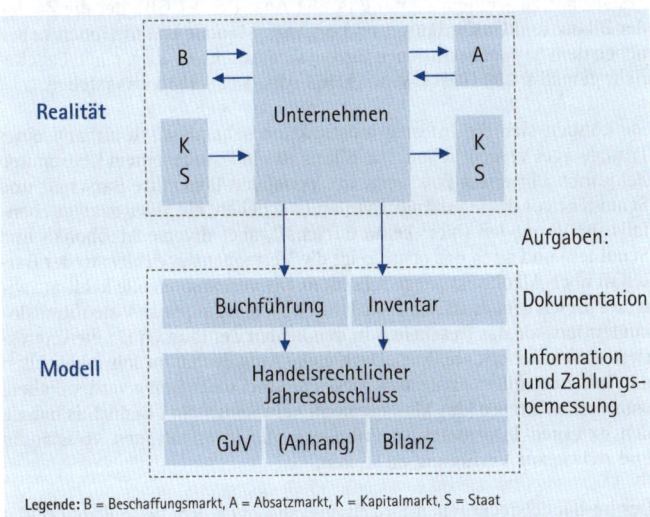

Legende: B = Beschaffungsmarkt, A = Absatzmarkt, K = Kapitalmarkt, S = Staat

Voraussetzung für die Erstellung eines handelsrechtlichen Jahresabschlusses ist die Dokumentation der Unternehmenslage und des betrieblichen Geschehens. Die Dokumentationsfunktion wird durch die Buchführung und das Inventar erfüllt. In der Buchführung werden alle Geschäftsvorfälle der laufenden Periode vollständig, chronologisch und systematisch durch Belege erfasst (vgl. § 239 HGB) und gehen in aggregierter Form in das Modell handelsrechtlicher Jahresabschluss ein. Ebenso werden die Bestände am Ende der Rechnungslegungsperiode erfasst, im Inventar dokumentiert und gehen in den Jahresabschluss ein.

Eine zweite, ganz zentrale Aufgabe des handelsrechtlichen Jahresabschlusses ist die Erfüllung der Informationsfunktion. Informationen über das Geschehen und die Lage des Unternehmens werden Externen in standardisierter und systematischer Form, gemäß §§ 238 ff. HGB, zur Verfügung gestellt. Der handelsrechtliche Jahresabschluss soll so einem kundigen Leser einen Einblick in die Ertrags-, Vermögens- und Finanzlage des Unternehmens geben. Er besteht aus einer zeitpunktbezogenen Bilanz und einer zeitraumbezogenen Gewinn- und Verlustrechnung (im Folgenden kurz: GuV; § 242 Abs. 3 HGB) sowie – aber nur bei Kapitalgesellschaften – einem Anhang (§ 264 Abs. 1 S. 1 HGB), der die Zahlen der Bilanz und GuV erläutert und ergänzt. Manche Unternehmen haben neben dem handelsrechtlichen Einzeljahresabschluss auch einen Lagebericht gemäß § 289 HGB i. V. m. § 264 Abs. 1 S. 1 HGB zu erstellen.

Sie können sich die Informationsfunktion sehr plastisch anhand eines Trinkgelages verdeutlichen. Die Bilanz ist ein Foto zu einem bestimmten Zeitpunkt. Ein erstes Foto zeigt ihr Vermögen (hier: ihre Barschaft und Schulden) vor dem verhängnisvollen Geschehen, ein zweites zeigt ebenfalls ihr Vermögen (hier: keine Barschaft, aber diverse Alkoholika und Schulden) und auch das dritte zeigt die Vermögenslage (hier: weder Barschaft noch Alkoholika, aber Schulden). Die verhängnisvolle Realität zwischen diesen drei Zuständen wird durch zwei ergänzende Videofilme dokumentiert, die das Geschehen in den beiden Zeiträumen für die interessierte Öffentlichkeit abbilden. Die gleiche Aufgabe hat im Jahresabschluss die GuV zu erfüllen. Spätestens dieses Beispiel sollte Ihnen verdeutlichen, warum die Akteure (das Management) kein natürliches Bedürfnis haben, den externen Informationsempfängern alle Informationen vollständig und richtig zur Verfügung zu stellen.

Der im handelsrechtlichen Einzeljahresabschluss ermittelte Erfolg bildet außerdem die Grundlage für die Gewinnausschüttung einer Kapitalgesellschaft (Zahlungsbemessungsfunktion). Gewinne, die im Jahresabschluss ausgewiesen werden, können entweder im Unternehmen verbleiben (sie werden thesauriert) oder (als Dividende) ausgeschüttet werden. In der Praxis werden meist Teile des Gewinns thesauriert und wird der Rest ausgeschüttet.

 Bei der Gewinnverwendung zeigt sich ein Spannungsdreieck zwischen Managern, Gläubigern und Eigenkapitalgebern!

Die Eigenkapitalgeber haben eher Interesse an einem hohen Gewinnausweis, da dieser grundsätzlich ihre Dividende erhöht. Die Fremdkapitalgeber wünschen eher einen geringen Gewinnausweis, da dies über geringere Gewinnausschüttungen (und Steuerzahlungen) tendenziell die Gefahr verringert, dass sie ihr zur Verfügung gestelltes Kapital nicht zurückerhalten. Das Management könnte einerseits an einem hohen Gewinnausweis Interesse haben, wenn es neue Kapitalgeber sucht oder sein Gehalt erfolgsabhängige Bestandteile enthält. Es könnte andererseits an einem geringen Gewinnausweis interessiert sein, da dem Unternehmen nur einbehaltene Gewinne für künftige Investitionen zur Verfügung stehen.

2.2   Der handelsrechtliche Konzernabschluss

Schließen sich mehrere rechtlich selbständige Unternehmen zu einer wirtschaftlichen Einheit zusammen, dann bilden sie einen Konzern, der gemäß § 290 Abs. 1 HGB zur Aufstellung eines Konzernabschlusses und eines Konzernlageberichts verpflichtet ist. Wirtschaftliche Einheit bedeutet, dass die Unternehmen unter einer einheitlichen Leitung eines der Unternehmen (Mutterunternehmen oder Konzernmutter genannt) stehen oder dass das Mutterunternehmen Kontrollrechte ausübt. Die unter einer einheitlichen Leitung stehenden oder kontrollierten Unternehmen werden als Tochterunternehmen oder Konzerntöchter (vgl. § 271 Abs. 1 HGB) bezeichnet. Kontrolliert ein Tochterunternehmen seinerseits andere Unternehmen, so heißen diese Enkelunternehmen oder Enkeltöchter. In Lektion 5 werden die Grundzüge der handelsrechtlichen Konzernrechnungslegung skizziert.

Der Konzernabschluss stellt keine Alternative zum Einzelabschluss dar, sondern wird zusätzlich erstellt. Außerdem dient er, anders als der Einzelabschluss, nicht als Zahlungsbemessungsgrundlage, sondern lediglich als Informationsinstrument.

2.3 Die Steuerbilanz

Primäre Aufgabe der Steuerbilanz ist die Ermittlung des der Besteuerung unterliegenden Gewinns, weil dieser, nach einigen Modifikationen, die Bemessungsgrundlage bzw. Teil der Bemessungsgrundlage für die so genannten Ertragsteuern (Einkommensteuer, Körperschaftsteuer, Solidaritätszuschlag und Gewerbesteuer) ist. Ihr kommt damit eine Zahlungsbemessungsfunktion zu. Adressat der Steuerbilanz ist der Fiskus.

Einzelheiten zur Besteuerung entnehmen Sie bitte *Kudert,* „Steuerrecht – leicht gemacht".

Nunmehr lassen sich den Teilbereichen des Rechnungswesens ihre wesentlichen Aufgaben zuordnen.

Übersicht 4: Die Aufgaben der Teilbereiche des Rechnungswesens	
Kostenrechnung	Preiskalkulation und -beurteilung, Wirtschaftlichkeitskontrolle, KER und Bestandsbewertung
Investitionsrechnung	Rentabilitätsprognose und -vergleich für geplante Investitionen
Finanzplanung	Prognose der Liquidität und Sicherung des finanziellen Gleichgewichts
Einzelabschluss	Dokumentation, Information, Zahlungsbemessung
Konzernabschluss	Information
Steuerbilanz	Zahlungsbemessung

3 Der Grundsatz der Pagatorik (Zahlungsbezogenheit)

Übersicht 1 hat gezeigt hat, dass den marktmäßigen Leistungen i.d.R. entsprechende Zahlungsströme gegenüberstehen und zu den Kapitalmärkten sowie dem Staat originäre Zahlungsströme existieren. Daher liegt es nahe, dass das Rechnungswesen zur Abbildung der betrieblichen Realität an diesen Zahlungsströmen ansetzt. Man spricht hierbei auch vom Grundsatz der Pagatorik (pagare bedeutet zahlen). Zahlungen sind allgemein solche Vorgänge, die die Veränderung des Zahlungsmittelbestands des Unternehmens (Kassenbestand und verfügbare Bankguthaben) bewirken, die also liquiditätswirksam sind.

3.1 Aus und Einzahlungen in der Finanzplanung

Jeder Vorgang, der zum konkreten Abfluss von liquiden Mitteln in einer Periode führt, ist eine Auszahlung.

 Eine Auszahlung ist eine Minderung des Zahlungsmittelbestands.

Man unterscheidet zwischen Finanz- und Erfolgsauszahlungen. Finanzauszahlungen haben keinen (direkten) Bezug zur Beschaffung von Gütern. Sie betreffen nur den finanzwirtschaftlichen Bereich des Unternehmens. Erfolgsauszahlungen dagegen sind mit einem Leistungsbezug verbunden. Sie sind Bestandteil des leistungswirtschaftlichen Bereichs.

Finanzauszahlungen sind insbesondere Tilgungen von Bankdarlehen (aber nicht die Zahlung von Kreditzinsen!). Erfolgsauszahlungen liegen z.B. beim Kauf von Rohstoffen im Zahlungszeitpunkt, bei der Bezahlung von Lieferantenverbindlichkeiten und Anzahlungen für spätere Dienstleistungen vor.

Finanzauszahlungen werden in der Buchführung erfolgsneutral erfasst d.h., sie beeinflussen nicht den Gewinn oder Verlust. Aus den Erfolgsauszahlungen dagegen lässt sich der Erfolg eines Unternehmens ableiten.

Analog werden die positiven Zahlungsströme definiert. Demnach ist jeder konkrete Geldzufluss in einer Periode eine Einzahlung.

Eine Einzahlung ist eine Erhöhung des Zahlungsmittelbestands.

Eine Finanzeinzahlung erfolgt bei Aufnahme eines Bankdarlehens, eine Erfolgseinzahlung bei Überweisung eines Kunden für an diesen gelieferte Waren, egal ob diese Zahlung vor, mit oder nach der Lieferung erfolgt.

In der Finanzplanung wird mit Ein- und Auszahlungen gerechnet, weil es das Ziel ist, die Liquidität zu sichern, also den Zahlungsverpflichtungen frist- und betragsgerecht nachkommen zu können.

3.2 Ausgaben und Einnahmen in der Investitionsrechnung

Als Geldvermögen definiert man die Summe des Zahlungsmittelbestands und des Bestands an Forderungen abzüglich des Bestands an Verbindlichkeiten. Ausgaben und Einnahmen sind Änderungen dieses Geldvermögens. Gleichzeitig kann man fragen, welche betrieblichen Vorgänge das Geldvermögen ändern.

Es sind dies i.d.R. die Beschaffung bzw. der Absatz von Gütern und Dienstleistungen. Damit können Ausgaben und Einnahmen auf je zwei Arten definiert werden:

 Eine Ausgabe ist die Minderung des Geldvermögens. Eine Ausgabe ist der Wert der in einer Periode eingekauften Sachgüter, Immaterialgüter und Dienstleistungen.

 Eine Einnahme ist die Erhöhung des Geldvermögens. Eine Einnahme ist der Wert der in einer Periode verkauften Sachgüter, Immaterialgüter und Dienstleistungen.

Werden die Ausgaben aus den Auszahlungen hergeleitet, so sind folgende Modifikationen vorzunehmen. Man geht von den Auszahlungen aus. Alle Auszahlungen, denen in dieser Periode keine eingekauften Güter oder Dienstleistungen gegenüberstehen, sind abzuziehen und alle Zugänge an Dienstleistungen oder Gütern, denen in dieser Periode keine Auszahlung gegenübersteht, sind zu addieren. Analog geht man bei der Ableitung der Einnahmen aus den Einzahlungen vor.

Ein Geschäftsvorfall, der sowohl zu einer Einzahlung als auch einer Einnahme führt, ist die Lieferung beim Verkauf von Waren gegen Barzahlung. Die Lieferung beim Warenverkauf auf Ziel führt aber zunächst nur zu einer Einnahme (wegen der Forderungserhöhung), nicht jedoch zu einer Einzahlung. Die spätere Bezahlung ist dann eine Einzahlung, aber wegen der gleichzeitigen Forderungsminderung keine Einnahme.

Es sei an dieser Stelle nochmals darauf hingewiesen, dass Aus- und Einzahlungen erfasst werden, ohne die zugehörigen Realgüterströme zu berücksichtigen. Ausgaben und Einnahmen sollen dagegen den Wert aller beschafften bzw. abgesetzten Güter und Dienstleistungen erfassen. Demnach haben Zahlungen des rein finanzwirtschaftlichen Bereichs keine Ausgaben- und Einnahmenwirkung. Aus- und Einzahlungen des leistungswirtschaftlichen Bereichs entsprechen hingegen den Ausgaben und Einnahmen, sind aber unter Umständen periodenverschoben.

Wenn man die Investitionsrechnung isoliert von Finanzierungsfragen durchführt, kann man in der Kapitalwertmethode mit Ausgaben und Einnahmen rechnen. In manchen Lehrbüchern wird allerdings von Ein- und Auszahlungen gesprochen. Dies ist dann notwendig, wenn die Finanzierung mit in die Investitionsrechnung integriert wird.

3.3 Aufwand und Ertrag im externen Rechnungswesen

Die Summe aus Geld- und Sachvermögen bezeichnet man als Reinvermögen oder Eigenkapital. Eine Veränderung des Reinvermögens wird betriebsbedingt genannt, wenn es sich nicht um Einlagen oder Entnahmen handelt. Jede betriebsbedingte Veränderung des Eigenkapitals ist mit einem Aufwand oder einem Ertrag verbunden. Aufwand und Ertrag werden in der GuV einander gegenübergestellt. Die Differenz ist dann der Periodenerfolg (Jahresüberschuss oder Jahresfehlbetrag) des Unternehmens.

 Aufwand ist die betriebsbedingte Minderung des Eigenkapitals. Ertrag ist die betriebsbedingte Erhöhung des Eigenkapitals.

Der Aufwand kann aus den Ausgaben abgeleitet werden, indem man von den Ausgaben ausgeht und den Wert aller Güter oder Dienstleistungen, die in dieser Periode gekauft, aber nicht verbraucht wurden (Sachvermögenserhöhungen), abzieht und den Wert aller Güter, die in einer früheren Periode gekauft und in dieser Periode verbraucht wurden (Sachvermögensminderungen) addiert.

Ein Aufwand, der gleichzeitig Auszahlung und Ausgabe ist, entsteht beim Kauf von Rohstoffen, wenn die Lieferung und sofort ihr Verbrauch erfolgt. Ein Aufwand, der nicht Auszahlung und Ausgabe ist, ist der Verbrauch von Rohstoffen, die früher geliefert (Ausgabe) und bezahlt (Auszahlung) wurden.

Der Zusammenhang zwischen den verschiedenen Grundbegriffen ist in Übersicht 5 und Leitsatz 2 dargestellt. Beachten Sie dabei, dass Ausgaben und Aufwand bzw. Einnahmen und Erträge in der Totalperiode identisch sind. Lediglich die Erfassung in den einzelnen Perioden kann unterschiedlich sein.

■ Übersicht 5: Zusammenhang der Grundbegriffe des Rechnungswesens

Auszahlung	Einzahlung
− Forderungserhöhung	+ Forderungserhöhung
+ Forderungsminderung	− Forderungsminderung
− Verbindlichkeitsminderung	+ Verbindlichkeitsminderung
+ Verbindlichkeitserhöhung	− Verbindlichkeitserhöhung
= Ausgabe	**= Einnahme**
− Sachvermögenserhöhung	+ Sachvermögenserhöhung
+ Sachvermögensminderung	− Sachvermögensminderung
= Aufwand	**= Ertrag**

Leitsatz 2

Funktion der Grundbegriffe des Rechnungswesens

Die Funktion der Ein- und Auszahlungen (Änderungen des Zahlungsmittelbestands) ist klar. Diese Größen sind liquiditätswirksam und daher bei der Planung und Messung der Liquidität (zur Finanzplanung bzw. Vermeidung der Zahlungsunfähigkeit) zu berücksichtigen. Ebenso haben Erträge und Aufwendungen (betriebsbedingte Änderungen des Eigenkapitals) eine eindeutige Funktion im Rahmen der handelsrechtlichen Erfolgsmessung. Weniger klar ist jedoch die Funktion der Einnahmen und Ausgaben (Änderungen des Geldvermögens oder auch Wert der bezogenen bzw. abgesetzten Leistungen). Wenn man im Rahmen der Investitionsrechnung die Finanzierungsseite vernachlässigt (so etwa in der Kapitalwertmethode), kann man mit Ausgaben und Einnahmen rechnen, ansonsten mit Aus- und Einzahlungen.

3.4 Kosten und Leistungen in der Kostenrechnung

Die Begriffe Kosten (bewerteter betriebszweckbezogener Güterverzehr) und Leistung (bewertete betriebszweckbezogene Güterentstehung) werden in der Kostenrechnung verwandt. Sie weichen geringfügig vom Begriffspaar Aufwand und Ertrag ab. In der Unternehmenspraxis (insbesondere bei großen Konzernen) verliert die Unterscheidung zwischen Aufwand und Ertrag auf der einen und Kosten und Leistung auf der anderen Seite zunehmend an Bedeutung, da die Abgrenzung oftmals zu aufwendig für den hierdurch erzielten Zusatznutzen ist.

Die doppelte Buchführung

Lektion 3
Grundlagen der doppelten Buchführung

1 Aufgaben der doppelten Buchführung

Wie Sie aus Lektion 1 wissen, steht jedes Unternehmen in leistungs- und finanzwirtschaftlichen Beziehungen zu seiner Umwelt. Diese Beziehungen sowie der innerbetriebliche Transformationsprozess werden durch die Buchführung abgebildet. Einzelne Vorgänge, die die Höhe und/oder Zusammensetzung des Vermögens oder des Kapitals eines Unternehmens verändern, werden Geschäftsvorfälle genannt. Hierzu gehören insbesondere Einkäufe, Lagerzu- und Lagerabgänge, Nutzungen von Gebäuden, Maschinen oder Werkzeugen, Verbrauch von Roh-, Hilfs- oder Betriebsstoffen, Inanspruchnahme von Dienstleistungen und Verkäufe. Die so erfassten Änderungen der Vermögens- und Kapitalpositionen des Unternehmens werden im Rahmen der Buchführung in Geldeinheiten ausgedrückt und somit vergleichbar gemacht.

In der Umgangssprache werden die Begriffe Buchhaltung und Buchführung synonym verwendet. Dieser Auffassung wird hier nicht gefolgt. Die Buchhaltung ist nur der geografische Ort, an dem die Buchführung stattfindet.

Sehr kurz ist unser Leitsatz 3:

! Leitsatz 3

Buchführung
Die Buchführung ist eine Zeitraumrechnung, die alle Geschäftsvorfälle eines Geschäftsjahres chronologisch, systematisch geordnet, zeitnah und lückenlos aufzeichnet, um der Dokumentationsfunktion des Jahresabschlusses gerecht zu werden. Sie wurde erstmals 1494 durch den Franziskanermönch Luca Pacioli zusammenfassend dargestellt.

2 Buchführungspflichten nach Handels- und Steuerrecht

Fall 2

X betreibt ein kleines Einzelunternehmen. Er ist mit seiner Arbeit völlig überlastet und führt daher keine Bücher. Bislang hat auch noch niemand danach gefragt.

Kann X auf eine Buchführung verzichten?

Ob Bücher zu führen sind, ist nicht in das Ermessen des Unternehmers gestellt, sondern wird vom Gesetzgeber bestimmt. Buchführungsvorschriften sind sowohl im Handelsrecht als auch im Steuerrecht enthalten.

> Gemäß § 238 Abs. 1 S. 1 HGB ist jeder **Kaufmann** verpflichtet, „Bücher zu führen und in diesen seine Handelsgeschäfte und die Lage seines Vermögens nach den Grundsätzen ordnungsmäßiger Buchführung ersichtlich zu machen".

Die handelsrechtliche Buchführungspflicht ist demnach mit der Kaufmannseigenschaft eng verknüpft. § 1 Abs. 1 HGB bestimmt: „Kaufmann im Sinne dieses Gesetzbuches ist, wer ein Handelsgewerbe betreibt"; und weiter in § 1 Abs. 2 HGB: „Handelsgewerbe ist jeder Gewerbebetrieb, es sei denn, dass das Unternehmen nach Art oder Umfang einen in kaufmännischer Weise eingerichteten Geschäftsbetrieb nicht erfordert".

Alle Gewerbetreibenden, ohne Rücksicht auf die Branche und unabhängig von ihrer Handelsregistereintragung, werden somit vom einheitlichen Kaufmannsbegriff erfasst. Der Betrieb eines Gewerbes erfordert eine Tätigkeit, die

▶ selbständig ausgeübt,
▶ auf Dauer angelegt,
▶ planmäßig betrieben,
▶ auf dem Markt nach außen erkennbar hervortritt,
▶ nicht gesetzes- und sittenwidrig und
▶ mit Gewinnerzielungsabsicht ausgeübt wird.

Anhaltspunkte für einen in kaufmännischer Weise eingerichteten Geschäftsbetrieb sind beispielsweise:

▶ der Umsatz,
▶ die Zahl der Mitarbeiter,
▶ das Warenangebot,
▶ die vielfältigen Kontakte zu Lieferanten,
▶ der Kundenkreis und
▶ die Organisation des Geschäftsbetriebs.

Wenn also X aus Fall 2 Kleinunternehmer ist, braucht er auch keine Bücher zu führen. Kleingewerbetreibende, deren Unternehmen nach Art oder Umfang einen in kaufmännischer Weise eingerichteten Geschäftsbetrieb nicht erfordert, sind keine Kaufleute.

▄▄▄ Fall 3

X ist selbständiger Tierarzt. Da er sein Unternehmen planmäßig und dauerhaft mit einer gewissen Gewinnerzielungsabsicht marktmäßig betreibt, ist er unsicher, ob er nicht Kaufmann im Sinne des HGB ist.

Nein, ist er nicht. Freiberufler (Ärzte, Rechtsanwälte, Notare, Steuerberater, Wirtschaftsprüfer etc.) sind keine Gewerbetreibenden und damit auch keine Kaufleute. Die Abgrenzung, ob ein Freier Beruf oder ein Gewerbe vorliegt, ist in der Praxis allerdings nicht immer ganz einfach (z. B. Künstler = Freiberufler; Kunstmaler = Gewerbetreibender). Eine Hilfe bietet hier der Berufskatalog in § 18 Abs. 1 S. 2 EStG.

Leitsatz 4

Buchführungspflicht
Buchführungspflichtig ist der Kaufmann, der ein Handelsgewerbe gemäß § 1 Abs. 2 HGB betreibt und dessen Unternehmen nach Art oder Umfang einen in kaufmännischer Weise eingerichteten Geschäftsbetrieb erfordert, unabhängig von der Eintragung in das **Handelsregister**.

▀▀ Fall 4

Y ist Kleingewerbetreibender und, wie er nun gelernt hat, als solcher nicht
buchführungspflichtig. Um gegenüber seinen Geschäftskunden seriös zu
wirken und um seine Freundin zu beeindrucken, möchte er ein „richti-
ger" Kaufmann sein und auch einen schicken handelsrechtlichen Jahresabschluss erstellen.

Kann er das?

Ja. Den Kleingewerbetreibenden wird die Möglichkeit zum freiwilligen
Erwerb der Kaufmannseigenschaft durch Eintragung in das Handelsregister eingeräumt. Sie werden mit der Eintragung zu Kaufleuten (§ 2
S. 1 HGB): „Ein gewerbliches Unternehmen, dessen Gewerbebetrieb nicht
schon nach § 1 Abs. 2 Handelsgewerbe ist, gilt als Handelsgewerbe im
Sinne dieses Gesetzbuches, wenn die Firma des Unternehmens in das
Handelsregister eingetragen ist." Mit Erlangung der Kaufmannseigenschaft wird der Kaufmann kraft Eintragung in das Handelsregister handelsrechtlich buchführungspflichtig.

▀▀ Fall 5

Auch Bauer Harms liest das alles und ist verwirrt. Er sieht sich nicht als
Kaufmann, auch nicht als Freiberufler und möchte doch so gern auch
einen Jahresabschluss erstellen.

Auch er darf, wenn er unbedingt will. Buchführungspflichtig kann gemäß
§ 3 Abs. 2 HGB auch derjenige werden, der ein land- oder forstwirt-
schaftliches Unternehmen betreibt: „Für ein land- oder forstwirtschaft-
liches Unternehmen, das nach Art und Umfang einen in kaufmännischer
Weise eingerichteten Geschäftsbetrieb erfordert, gilt § 2 mit der Maßga-
be, dass nach Eintragung in das Handelsregister eine Löschung der Firma nur nach den allgemeinen Vorschriften stattfindet, welche für die Löschung kaufmännischer Firmen gelten."

Die Buchführungspflicht gilt gem. § 6 Abs.1 HGB auch für Handelsge-
sellschaften. Dabei gelten Kapitalgesellschaften stets als Kaufleute. Sie
sind Kaufleute kraft Rechtsform. Hierzu zählen die Aktiengesellschaft
(AG, § 3 AktG), die Kommanditgesellschaft auf Aktien (KgaA, § 278 Abs.3
HGB i.V.m. § 3 AktG), die Gesellschaft mit beschränkter Haftung (GmbH,
§ 13 GmbHG) und die eingetragene Genossenschaft (e. G., § 17 GenG).
Sie sind kraft Gesetzes, ohne Rücksicht auf Art und Umfang des Ge-

schäftsbetriebs, immer Kaufleute und können deshalb, auch wenn der Geschäftsbetrieb noch so klein ist, niemals Nicht-Kaufleute sein.

■ Fall 6

Die X-GmbH ist ausschließlich vermögensverwaltend tätig. Sie besitzt ein kleines Miethaus und einige Aktien als Liquiditätsreserve.

Ist sie unter diesen Umständen nicht doch ein Nicht-Kaufmann?

Nein, wirklich nie!

Die steuerrechtliche Buchführungspflicht ist in den §§ 140 und 141 Abgabenordnung (AO) geregelt. Man unterscheidet dort die abgeleitete und die originäre Buchführungspflicht. Gemäß § 140 AO (= abgeleitete Buchführungspflicht) gilt das Folgende: „Wer nach anderen Gesetzen als den Steuergesetzen (z. B. HGB, Anm. d. Verf.) Bücher und Aufzeichnungen zu führen hat, die für die Besteuerung von Bedeutung sind, hat die Verpflichtungen, die ihm nach den anderen Gesetzen obliegen, auch für die Besteuerung zu erfüllen." Unter § 140 AO fallen somit alle Kaufleute, da diese bereits nach dem HGB verpflichtet sind, Bücher zu führen. Für handelsrechtlich nicht buchführungspflichtige Nicht-Kaufleute kann sich aus § 141 AO (= originäre Buchführungspflicht) eine steuerrechtliche Buchführungspflicht ergeben, wenn für den einzelnen Betrieb nach den Feststellungen der Finanzbehörde bestimmte Grenzen überschritten werden:

1) Umsätze einschließlich der steuerfreien Umsätze, ausgenommen die Umsätze nach § 4 Nr. 8 bis 10 des Umsatzsteuergesetzes, von mehr als 350.000 € im Kalenderjahr oder

2) selbstbewirtschaftete land- und forstwirtschaftliche Flächen mit einem Wirtschaftswert (§ 46 des Bewertungsgesetzes) von mehr als 25.000 € oder

3) Gewinn aus Gewerbebetrieb von mehr als 30.000 € im Wirtschaftsjahr oder

4) Gewinn aus Land- und Forstwirtschaft von mehr als 30.000 € im Kalenderjahr.

Übersicht 6: Buchführungspflichten nach Handels- und Steuerrecht

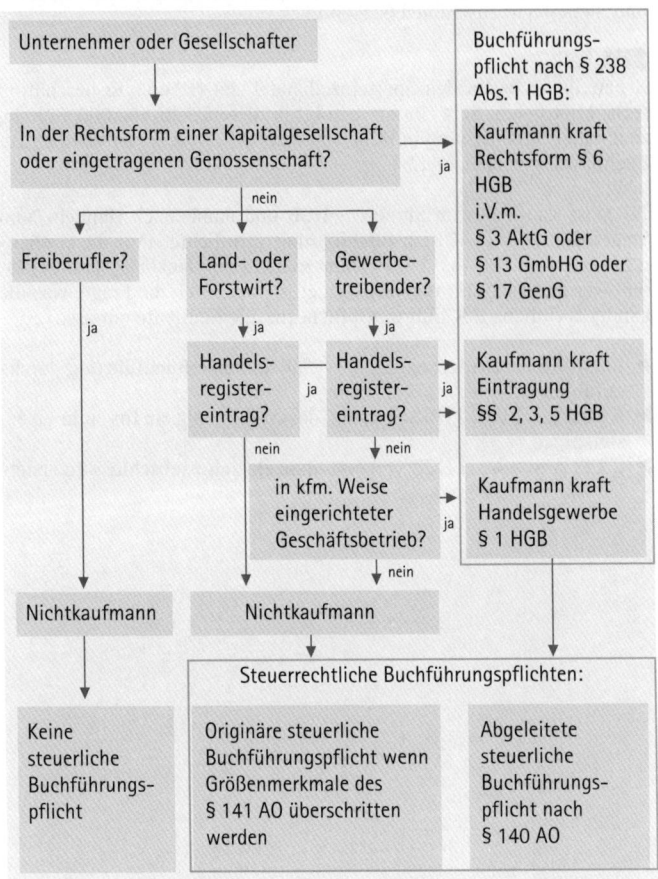

Dieser größenabhängigen originär steuerrechtlichen Buchführungspflicht unterliegen allerdings nicht die Freiberufler (§ 141 Abs. 1 S. 1 AO).

Übersicht 6 fasst noch einmal die Buchführungspflichten nach Handels- und Steuerrecht zusammen (s. S. 39).

Fall 7

X betreibt in Berlin den Sporteinzelhandel „Fit & Fun". Er beschäftigt sechs Mitarbeiter. Sein Umsatz beträgt in diesem Jahr 600.000 €. X erzielt dabei einen Gewinn in Höhe von 50.000 €. Ist X steuerrechtlich zur Buchführung verpflichtet?

Ja! X ist Kaufmann im Sinne des HGB und damit nach Handels- und Steuerrecht (§ 140 AO) zur Buchführung verpflichtet. Auf die Größenmerkmale in § 141 Abs. 1 AO kommt es nicht an. Nachdem Sie nun wissen, wer zur Buchführung verpflichtet ist, stellt sich die Frage, was die handelsrechtliche Buchführungspflicht für alle Kaufleute umfasst.

▶ § 238 Abs. 1 HGB verlangt, dass eine laufende Buchführung durchzuführen ist.
▶ § 240 Abs. 1 und 2 HGB verlangt, dass regelmäßig ein Inventar zu erstellen ist.
▶ § 242 Abs. 1 bis 3 HGB verlangt, dass ein Jahresabschluss zu erstellen ist.

3 Inventur und Inventar

Jeder Kaufmann ist nach Handels- und Steuerrecht verpflichtet, das Vermögen und die Schulden seines Unternehmens bei der Gründung, für den Schluss eines jeden Geschäftsjahres und bei der Auflösung oder Veräußerung festzustellen (§ 240 HGB, §§ 140, 141 AO).

> Die Tätigkeit der Bestandsaufnahme des Vermögens und der Schulden nach Art, Menge und Wert an einem Stichtag wird **Inventur** (lateinisch: invenire = finden, vorfinden) genannt.

Es gilt zwischen der körperlichen und der buchmäßigen Inventur zu unterscheiden. Die körperliche Inventur umfasst die Aufnahme aller körperlichen Gegenstände durch Zählen, Wiegen und Messen. Die zweite Art der Inventur stellt die Buch- oder Beleginventur dar, die sich auf alle nicht-körperlichen Vermögensgegenstände und Schulden erstreckt. Als Beispiele für nicht-körperliche Vermögensgegenstände seien Forderungen und Bankguthaben genannt. Zu den Schulden gehören beispielsweise die Verbindlichkeiten aus Lieferungen und Leistungen und die Bankkredite. Diese werden anhand der buchhalterischen Belege (z. B. Saldenbestätigungen) geprüft.

Im Zusammenhang mit der Inventur gibt es zwei Problemkreise:

▶ das Zeitproblem und
▶ das Mengenproblem.

Das Zeitproblem ist dadurch gekennzeichnet, dass in größeren Unternehmen die Inventur an einem bestimmten Stichtag kaum durchführbar ist. Aus diesem Grund sind handelsrechtlich drei Inventurverfahren zulässig:

▶ die Stichtagsinventur,
▶ die vor- und nachgelagerte Inventur und
▶ die permanente Inventur.

▆▆▆ Fall 8

Der Geschäftsführer der X-GmbH verpflichtet alle Mitarbeiter am 31.12. zu arbeiten, weil die Inventur am Abschlussstichtag (Bilanzstichtag) durchgeführt werden muss. Trotz großer Begeisterung und Ausschöpfung aller personellen Ressourcen ist man um Mitternacht noch nicht fertig.

Ist die Inventur nun unbrauchbar?

Nein, das ist sie nicht. Bei der Stichtagsinventur im engen Sinne erfolgt die Bestandsaufnahme am Bilanzstichtag selbst. Wird die Inventur zeitnah, innerhalb eines Zeitraums von zehn Tagen vor oder nach dem Bilanzstichtag durchgeführt, so spricht man von der erweiterten Stichtagsinventur. Sie ist handelsrechtlich ebenfalls zulässig. Eventuelle Bestandsveränderungen (Zu- bzw. Abgänge) sind mit Hilfe der laufenden Buchführung auf den Bilanzstichtag vor- bzw. zurückzurechnen. Der Nachteil dieser Methode besteht in einem sehr großen Arbeitsanfall innerhalb weniger Tage. Oft ist diese Inventurform mit Betriebsunterbrechungen verbunden.

Fall 9

Einige Mitarbeiter der X-GmbH sind doch nicht so ganz zufrieden mit dieser Gestaltung der Silvesterfeierlichkeiten. Sie fragen daher vorsichtig an, ob man die Inventur nicht gänzlich in eine andere Jahreszeit verschieben könnte.

Was wird der Geschäftsführer antworten?

Er wird zugeben, dass eine zeitliche Verlagerung möglich ist. Eine solche Vereinfachung stellt die vor- und nachgelagerte Inventur gemäß § 241 Abs. 3 HGB dar. Auf die körperliche Bestandsaufnahme am Abschlussstichtag wird verzichtet, wenn das Inventar innerhalb von drei Monaten vor oder zwei Monaten nach dem Bilanzstichtag aufgestellt wird. Es handelt sich hierbei nicht um die Ausdehnung des Inventurstichtags, sondern um dessen zeitliche Verlagerung. Die Bestände sind auch hier auf den Bilanzstichtag vorzuschreiben bzw. zurückzurechnen. Diese Methode darf allerdings nicht bei besonders wertvollen Gegenständen und bei Gütern, die der Gefahr unkontrollierter Abgänge unterliegen, angewendet werden.

Fall 10

Die X-GmbH hat ein neues, EDV-basiertes Lagerhaltungssystem eingeführt. Damit kann man jederzeit auf Knopfdruck die aktuellen Lagerbestände abrufen. Daher hält es der Lagerleiter für überflüssig, zusätzlich noch eine körperliche Bestandsaufnahme durchzuführen.

Hat er Recht?

Nur zum Teil. Die dritte Möglichkeit bildet die permanente Inventur gemäß § 241 Abs. 2 HGB. Die körperliche Bestandsaufnahme kann über das ganze Jahr verteilt werden, das heißt, es gibt keinen einheitlichen Inventurstichtag für alle Vermögensgegenstände und Schulden. Voraussetzung für die Anwendung der permanenten Inventur ist das Vorhandensein einer Lagerbuchführung, die alle Zu- und Abgänge ständig erfasst. Der Inventurbestand zum Bilanzstichtag entspricht somit dem fortgeschriebenen Mengenbestand. Die permanente Inventur ist nicht gestattet bei Gegenständen, die der Gefahr von unkontrollierten Abgängen unterliegen, und bei wertvollen Gegenständen. Der Lagerleiter kann also auf eine körperliche Bestandsaufnahme nicht verzichten, diese aber verteilt zu Zeiten vornehmen, die besser geeignet sind als die Silvesternacht.

Das Mengenproblem besteht darin, dass ein Unternehmen eine Vielzahl gleichartiger Vermögensgegenstände besitzt, deren separate Erfassung und Bewertung unwirtschaftlich wäre (beispielsweise Bestecke im Hotelgewerbe, Schrauben im Eisenwarenhandel). Der Gesetzgeber gestattet daher drei Verfahren zur Vereinfachung des Mengenproblems:

▶ Die Festbewertung (Festmenge zu Festpreisen) gemäß § 240 Abs. 3 HGB: Bei Roh-, Hilfs- und Betriebsstoffen sowie Sachanlagen darf ein Festwert angesetzt werden, vorausgesetzt, dass sich Größe und Wert des Bestands nur geringfügig ändern. Jedoch ist nach maximal drei Jahren eine körperliche Bestandsaufnahme durchzuführen.

▰▰ Fall 11

Das Bauunternehmen X nutzt immer etwa 5.000 Schaltafeln zur Herstellung von Betonwänden. Sie sind auf diverse Baustellen verteilt. Jede Schaltafel wurde für etwa 4 € angeschafft. Da es sehr aufwendig wäre, alle Schaltafeln körperlich zu erfassen, macht der Polier den Vorschlag, die Vermögensgegenstände einfach jährlich mit einem Festwert in Höhe von 20.000 € anzusetzen.

Entspricht dieses Vorgehen dem Gesetz?

Ja. Wenn in der Realität davon auszugehen ist, dass defekte Schaltafeln regelmäßig durch neue, gleichwertige ersetzt werden, bleibt der Bestand mengen- und wertmäßig in etwa konstant. Die Vereinfachung bildet somit die Realität recht gut ab. Alle drei Jahre muss aber doch gezählt werden.

▶ Die Gruppenbewertung gemäß § 240 Abs. 4 HGB: Sie erlaubt die Zusammenfassung gleichartiger Vermögensgegenstände (z. B. Senkkopf- und Linsenkopfschrauben) zu einer Gruppe, die mit ihrem Durchschnittswert angesetzt wird.

Fall 12

Bauunternehmen X kauft für seine Fahrzeuge regelmäßig Diesel. Der Anschaffungspreis ändert sich dabei laufend. Der Diesel wird in einem Tank gelagert. Gekauft wurden 10.000 Liter. Davon wurde für 2.500 Liter je 1 € und für die anderen je 1,10 € gezahlt. Aufgrund der Betankung von Fahrzeugen befinden sich am Inventurstichtag nur noch 1.000 Liter im Tank.

Wie hoch sind die Anschaffungskosten des Bestands?

Diese Frage lässt sich nicht eindeutig beantworten. Wenn man aber unterstellt, dass sich beide Chargen durchmischt haben, könnte man die 1.000 Liter mit dem gewogenen Durchschnittspreis (1000 x [1/4 x 1 + 3/4 x 1,10]) von 1,075 € ansetzen.

▶ Die Verbrauchsfolgeverfahren gemäß § 256 HGB: Sie sind dann sinnvoll, wenn aufgrund der Lagerhaltung nicht wirklich feststellbar ist, welche Abgänge welchen Zugängen entsprechen.

Neben dem Verfahren des gewogenen Durchschnitts sind gemäß § 256 S. 1 HGB auch das LiFo-Verfahren (Last in First out bei Haldenlagerung) und das FiFo-Verfahren (First in First out bei Silolagerung) gestattet und gebräuchlich.

Die Ergebnisse der Inventur werden in einem Bestandsverzeichnis, dem Inventar, festgehalten (lateinisch: inventarium = Verzeichnis des Vorgefundenen). Das Inventar besteht immer aus den drei folgenden Bestandteilen:

	Vermögensgegenstände
./.	Schulden
=	Reinvermögen (= Eigenkapital)

Die Vermögensgegenstände sind im Inventar nach zunehmender Liquidität geordnet, wobei weitgehend gleichartige Vermögensgegenstände unter einer gemeinsamen Überschrift zusammengefasst werden. Das Inventar beginnt mit dem Anlagevermögen (z.B. Grundstücke, Gebäude, Maschinen, Fuhrpark, Geschäftsausstattung). Auf das Anlagevermögen folgt das Umlaufvermögen (z.B. Waren, Forderungen, Bankguthaben, Kassenbestand). Die Schulden sind nach ihrer Fristigkeit in langfristige Schulden und in kurzfristige Schulden zu unterteilen.

Das Inventar wird in Staffelform erstellt. Das bedeutet, dass die Positionen untereinander aufgelistet werden.

Die Erstellung eines Inventars hat zu Beginn eines Handelsgewerbes gemäß § 240 Abs. 1 HGB zu erfolgen und ist regelmäßig zum Ende eines jeden Geschäftsjahres gemäß § 240 Abs. 2 HGB zu wiederholen. Das Geschäftsjahr hat zwölf Monate und entspricht i.d.R. dem Kalenderjahr. Die Festsetzung eines abweichenden Geschäftsjahres ist möglich und in bestimmten Branchen, insbesondere Saisonbetrieben, üblich (z.B. Ski-Shops, Mühlen).

▬▬ Fall 13
Y ist wenig begeistert.

Muss er nun für immer mit einem abweichenden Geschäftsjahr leben, bloß weil er sein Unternehmen am 2. Mai eröffnet hat?

Nein, in Ausnahmefällen kann ein Geschäftsjahr weniger als zwölf Monate betragen. Dieses verkürzte Geschäftsjahr wird als Rumpfgeschäftsjahr bezeichnet. Bedeutung besitzen Rumpfgeschäftsjahre im ersten und gegebenenfalls letzten Geschäftsjahr, da Unternehmen nicht nur zum 1.1. eines Jahres gegründet und zum 31.12. beendet werden.

Leitsatz 5

Inventur und Inventar
Die Inventur ist die Bestandsaufnahme des Vermögens und der Schulden nach Art, Menge und Wert (Tätigkeit).

Das Inventar ist ein genaues Bestandsverzeichnis aller Vermögensgegenstände und Schulden nach Art, Menge und Wert an einem Stichtag in Staffelform.

Das Inventar ist gemäß § 257 Abs.1 HGB i.V.m. § 257 Abs. 4 HGB zehn Jahre lang aufzubewahren.

Fall 14

X hat für die Fit & Fun, die Sie bereits aus Fall 7 kennen, bei der Inventur zum 31.12.01 die folgenden Bestände ermittelt. Erstellen Sie aus seinen Aufzeichnungen ein Inventar gemäß § 240 HGB und weisen Sie das Reinvermögen (= Eigenkapital) aus.

▶ Guthaben bei der Sparkasse 9.000 €
▶ Guthaben bei der Postbank 8.150 €
▶ 10 Warenregale zu je 250 €
▶ 120 Paar Ski zu je 450 €
▶ 100 Paar Skistöcke zu je 30 €
▶ 80 Paar Skischuhe zu je 100 €
▶ 50 Paar Skihandschuhe zu je 25 €
▶ 2 Schreibtische zu je 200 €
▶ 5 Bürostühle zu je 50 €
▶ Bargeld 6.450 €
▶ Forderung gegenüber der Skischule Max Berg 10.700 €
▶ Forderung gegenüber dem Golf-Pro Toni Banger 3.900 €
▶ Forderung gegenüber dem Tennis-Club „Blau-Weiss" 3.600 €
▶ Forderung gegenüber dem Golf-Pro Nick Saldo 5.400 €
▶ Unbebautes Grundstück Sonnenweg 13, 12345 Berlin, 100.000 €
▶ Bebautes Grundstück Waldstraße 54, 12346 Berlin, 250.000 €
▶ 20 Tennisschläger Wilson zu je 150 €
▶ 1 Tennisschlägerbesaitungsmaschine zu 15.000 €
▶ 30 Basketball-Bälle zu je 15 €
▶ 20 Golfschläger Ping Xing zu je 500 €

▶ 350 Golfbälle Power Wound zu je 3 €
▶ 15 Paar Golf-Handschuhe All Weather Special zu je 30 €
▶ Darlehensschuld bei der Cottbusser Bank AG 175.000 €
▶ Hypothek bei der Hippobank AG 80.000 €
▶ 1 Golfschläger-Griffersatzmaschine zu 23.000 €
▶ 1 PKW VW Sharan B-DJ 3545 zu 30.000 €
▶ Umsatzsteuerschuld 9.550 €
▶ 1 LKW VW-Kasten B-VW 1010 zu 20.000 €
▶ Verbindlichkeiten gegenüber der Sporthof GmbH 25.500 €
▶ Verbindlichkeiten gegenüber der Adler & Partner OHG 37.000 €

Das Inventar des Sporteinzelhandels Fit & Fun für den 31.12.01 sieht dann wie folgt aus:

Inventar des Sporteinzelhandels Fit & Fun für den 31.12.01		
A. Vermögensgegenstände	Euro	Euro
I. Anlagevermögen		
1. Grundstücke und Gebäude		
Grundstück Sonnenweg 13	100.000	
Bebautes Grundstück Waldstraße 54	250.000	350.000
2. Maschinen		
1 Tennisschlägerbesaitungsmaschine	15.000	
1 Golfschläger-Griffersatzmaschine	23.000	38.000
3. Fuhrpark		
1 PKW VW Sharan B-DJ 3545	30.000	
1 LKW VW-Kasten B-VW 1010	20.000	50.000
4. Geschäftsausstattung		
10 Warenregale zu je 250 €	2.500	
2 Schreibtische zu je 200 €	400	
5 Bürostühle zu je 50 €	250	3.150
Summe Anlagevermögen		441.150
II. Umlaufvermögen		
1. Waren		
120 Paar Ski zu je 450 €	54.000	
100 Paar Skistöcke zu je 30 €	3.000	
80 Paar Skischuhe zu je 100 €	8.000	

▶

50 Paar Skihandschuhe zu je 25 €	1.250	
20 Tennisschläger Wilson zu je 150 €	3.000	
20 Golfschläger Ping Xing zu je 500 €	10.000	
350 Golfbälle Power Wound zu je 3 €	1.050	
15 Paar Golf-Handschuhe zu je 30 €	450	
30 Basketball-Bälle zu je 15 €	<u>450</u>	81.200

2. Forderungen

Skischule Max Berg	10.700	
Golf-Pro Toni Banger	3.900	
Golf-Pro Nick Saldo	5.400	
Tennis-Club „Blau-Weiss"	<u>3.600</u>	23.600

3. Bankguthaben

Postbank, Kto.-Nr. 123456-100	8.150	
Sparkasse, Kto.-Nr. 654321-900	<u>9.000</u>	17.150
4. Kassenbestand		<u>6.450</u>
Summe Umlaufvermögen		128.400

Summe der Vermögensgegenstände		569.550

B. Schulden

  I. Langfristige Schulden

1. Hypothek Hippobank AG	80.000	
2. Darlehen bei der Cottbusser Bank AG	<u>175.000</u>	255.000

  II. Kurzfristige Schulden

   1. Lieferantenschulden

Sporthof GmbH	25.500	
Adler & Partner OHG	<u>37.000</u>	62.500
2. Umsatzsteuer-Schuld		<u>9.550</u>
Summe der Schulden		<u>327.050</u>

C. Ermittlung des Reinvermögens

Summe der Vermögensgegenstände	569.550
./. Summe der Schulden	327.050
= Reinvermögen (Eigenkapital)	<u>**242.500**</u>

Berlin, 31.12.01

4 Form und Inhalt der Bilanz

Jeder Kaufmann ist gemäß § 242 Abs. 1 S. 1 HGB verpflichtet, „zu Beginn seines Handelsgewerbes und für den Schluss eines jeden Geschäftsjahres einen das Verhältnis seines Vermögens und seiner Schulden darstellenden Abschluss (Eröffnungsbilanz, Bilanz) aufzustellen". Die Bilanz wird auf der Grundlage des erstellten Inventars und der laufenden Buchführung aufgestellt.

Während im Inventar alle Vermögensgegenstände und Schulden einzeln nach Art, Menge und Wert aufgelistet werden, werden in der Bilanz die einzelnen Positionen von Vermögensgegenständen und Schulden zu größeren Gruppen zusammengefasst (aggregiert). Des Weiteren wird auf die im Inventar zwingend erforderlichen Mengenangaben verzichtet. Vermögensgegenstände und Schulden werden nicht mehr wie im Inventar in Staffelform hintereinander aufgeführt, sondern sie stehen sich in der Form eines Kontos gegenüber (lateinisch: conto = Rechnung).

Die Bilanz (lateinisch: bilanx = zwei Waagschalen habend) hat zwei Seiten. Die linke Seite der Bilanz heißt Aktivseite, die rechte Seite der Bilanz heißt Passivseite. Auf der Aktivseite (= Vermögensseite) steht das Vermögen des Unternehmens, geordnet nach zunehmender Liquidität. Auf der Passivseite (= Kapitalseite) steht das im Unternehmen investierte Gesamtkapital, geordnet nach dem Prinzip der Dringlichkeit der Zahlung (= zunehmende Fälligkeit) und nach der Rechtsstellung der Kapitalgeber (= Eigen- und Fremdkapital). Das Eigenkapital ist hierbei die Differenz zwischen Vermögen und Schulden. Die Bilanz ist somit stets ausgeglichen.

Grundgleichung der Bilanz: Vermögen = Kapital.

Daraus folgt:
Vermögen ./. Fremdkapital = Eigenkapital.

§ 247 Abs. 1 HGB definiert den Inhalt der Bilanz: „In der Bilanz sind das Anlage- und das Umlaufvermögen, das Eigenkapital, die Schulden sowie die Rechnungsabgrenzungsposten gesondert auszuweisen und hinreichend aufzugliedern." Eine spezielle Gliederungsvorschrift ist § 247 Abs. 1 HGB somit nicht zu entnehmen. Die Bundessteuerberaterkammer empfiehlt ihren Berufsangehörigen daher, auch die Bilanzen von Einzelkaufleuten und Personengesellschaften nach den Gliederungsvorschriften des HGB für die großen Kapitalgesellschaften, natürlich nur soweit sie anwendbar sind, vorzunehmen. In § 266 HGB ist die Bilanz einer großen Kapitalgesellschaft dargestellt. Bitte nehmen Sie sich ein paar Minuten Zeit, diese in Ruhe anzusehen.

Die Bilanz (als Teil des Jahresabschlusses) ist gemäß § 244 HGB in deutscher Sprache und in Euro aufzustellen. Sie ist gemäß § 245 HGB vom Kaufmann unter Angabe des Datums zu unterzeichnen. Sind mehrere persönlich haftende Gesellschafter vorhanden, so haben sie gemäß § 245 S. 2 HGB alle zu unterzeichnen.

■■ Fall 15

Der Vorstand der Y-AG ist verzweifelt. Nachdem die Inventur durchgeführt wurde, ergibt sich ein erschreckendes Bild: Die Schulden sind größer als das Vermögen. Wie sieht dann die Bilanz aus?

Ist im Einzelfall die Summe aller Schulden größer als die Summe aller Vermögenswerte, so muss das Eigenkapital zur Erreichung der Grundgleichung der Bilanz zwangsläufig auf der Aktivseite als Position „D" erscheinen: Ist das Eigenkapital durch Verluste aufgebraucht und ergibt sich ein Überschuss der Passivposten über die Aktivposten, so ist dieser Betrag am Schluss der Bilanz auf der Aktivseite gesondert unter der Bezeichnung „Nicht durch Eigenkapital gedeckter Fehlbetrag" auszuweisen (§ 268 Abs. 3 HGB). Diese so genannte bilanzielle Überschuldung ist ein Indiz dafür, dass das Unternehmen insolvenzgefährdet ist.

■■ Fall 16

Leiten Sie aus dem in Fall 14 erstellten Inventar nunmehr die Bilanz des Sporteinzelhandels Fit & Fun zum 31.12.01 ab. Lesen Sie in diesem Zusammenhang noch einmal die §§ 247 und 266 HGB.

Aktivseite

Sporteinzelhandel Fit und Fun
Bilanz zum 31.12.01 (in Euro)

Passivseite

A. Anlagevermögen		**A. Eigenkapital**	242.500
I. Sachanlagen			
1. Grundstücke,	350.000	**B. Verbindlichkeiten**	
grundstücksgleiche		1. Verbindlichkeiten	255.000
Rechte und Bauten		gegenüber Kredit-	
2. Technische Anla-	38.000	instituten	
gen und Maschi-		2. Verbindlichkeiten	62.500
nen		aus Lieferungen	
3. Andere Anlagen,	53.150	und Leistungen	
Betriebs- und Ge-		3. Sonstige Verbind-	9.550
schäftsausstattung		lichkeiten, davon	
		aus Steuern	
B. Umlaufvermögen			
I. Vorräte			
1. Fertige Erzeugnisse	81.200		
und Waren			
II. Forderungen und			
sonstige Vermö-			
gensgegenstände			
1. Forderungen aus	23.600		
Lieferungen und			
Leistungen			
III. Flüssige Mittel			
1. Guthaben bei Kre-	17.150		
ditinstituten			
2. Kassenbestand	6.450		
	569.550		**569.550**

Berlin, 31.12.01
Paul Piste

Wir merken uns zu diesem Gliederungspunkt vor allem:

Leitsatz 6

Die Bilanz
Die Bilanz ist eine Zeitpunktrechnung. Sie wird auf der Grundlage des Inventars und der laufenden Buchführung erstellt und stellt eine zusammengefasste Gegenüberstellung von Vermögen und Kapital zu einem Stichtag dar.

5 Die vier Grundtypen erfolgsneutraler Geschäftsvorfälle

Bevor Sie mit der doppelten Buchführung vertraut gemacht werden, soll Ihnen zunächst anhand der vier Grundtypen erfolgsneutraler Geschäftsvorfälle verdeutlicht werden, dass die Abbildung eines Geschäftsvorfalls immer (mindestens) zwei Posten der Bilanz betrifft.

Die Grundgleichung der Bilanz: Vermögen = Kapital behält dabei stets ihre uneingeschränkte Gültigkeit.

5.1 Aktivtausch (Vermögensumschichtung)

Verändert sich durch einen Geschäftsvorfall lediglich die Struktur der Aktivseite, ohne dass das Kapital sich ändert und bleibt auch die Bilanzsumme unverändert, so spricht man von einem Aktivtausch (= Vermögensumschichtung):

Übersicht 7: Aktivtausch

Aktivseite	Bilanz zum 31.12. ...	Passivseite
Vermögen	Eigenkapital Fremdkapital	
Bilanzsumme	Bilanzsumme	

▇▇ Fall 17

Im Fall 16 hatte die Fit & Fun in der Bilanz zum 31.12.01 auch eine Forderung gegenüber dem Kunden Tennis Club „Blau-Weiss" ausgewiesen. Was würde sich an der Bilanz ändern, wenn dieser Kunde seine Schulden noch vor dem Abschlussstichtag auf das Sparkassenkonto überwiesen hätte?

Hätte der Kunde Tennis Club „Blau-Weiss" seine Schulden gegenüber dem bilanzierenden Unternehmen noch vor dem Bilanzstichtag (31.12.01) auf das Konto 654321-900 bei der Sparkasse überwiesen, so hätten die Forderungen aus Lieferungen und Leistungen um 3.600 € abgenommen; das Guthaben bei der Sparkasse wäre in gleicher Höhe angestiegen. Die Erhöhung der einen Bilanzposition entspräche der Minderung der anderen Bilanzposition. Die Bilanzsumme und das Kapital blieben unverändert. Um die Zahlen nachvollziehen zu können, nehmen Sie sich bitte noch einmal das Inventar des Sporteinzelhandels Fit & Fun für den 31.12.01 vor.

Wie sähe jetzt die Schlussbilanz zum 31.12.01 aus? (Gute Übung!)

5.2   Passivtausch (Kapitalumschichtung)

Verändert sich durch einen Geschäftsvorfall lediglich die Struktur der Passivseite, ohne dass das Vermögen sich ändert und bleibt auch die Bilanzsumme unverändert, so spricht man von einem Passivtausch (= Kapitalumschichtung).

▇ Übersicht 8: Passivtausch

Aktivseite	Bilanz zum 31.12. ...	Passivseite
Vermögen	Eigenkapital ▼▲ Fremdkapital ▲▼	
Bilanzsumme	Bilanzsumme	

■ Fall 18

Im Fall 16 hatte die Fit & Fun in der Bilanz zum 31.12.01 auch eine Verbindlichkeit gegenüber der „Adler & Partner OHG" ausgewiesen.

Was würde sich an der Bilanz ändern, wenn das bilanzierende Unternehmen seine Schulden noch vor dem Abschlussstichtag durch ein neues Darlehen bei der Cottbusser Bank AG getilgt hätte?

Hätte die Fit & Fun noch vor dem Bilanzstichtag (31.12.01) bei der Cottbusser Bank AG ein zusätzliches Darlehen in Höhe von 37.000 € aufgenommen, um ihre Verbindlichkeiten aus Lieferungen und Leistungen gegenüber der „Adler & Partner OHG" zu begleichen, so hätten die Lieferantenverbindlichkeiten um 37.000 € abgenommen und die Verbindlichkeiten gegenüber Kreditinstituten um 37.000 € zugenommen. Auch hier entspräche die Erhöhung der einen Bilanzposition der Minderung der anderen Bilanzposition. Die Bilanzsumme und das Vermögen blieben unverändert. Bitte wieder das Inventar für den 31.12.01 vornehmen!

5.3 Aktiv-Passiv-Mehrung (Bilanzverlängerung)

Erhöht sich durch einen Geschäftsvorfall sowohl die Aktivseite als auch die Passivseite der Bilanz um den gleichen Betrag, so spricht man von einer Aktiv-Passiv-Mehrung (= Bilanzverlängerung oder Bilanzsummenerhöhung):

☐ Übersicht 9: Aktiv-Passiv-Mehrung

Aktivseite	Bilanz zum 31.12. ...	Passivseite
Vermögen	Eigenkapital Fremdkapital	
↓		↓
Bilanzsumme	Bilanzsumme	

■ Fall 19

Was würde sich im Fall 16 an der Bilanz ändern, wenn die Fit & Fun noch vor dem Abschlussstichtag einen Computer für 3.500 € auf Ziel (60 Tage) erworben hätte?

Hätte das bilanzierende Unternehmen noch vor dem Bilanzstichtag (31.12.01) einen Super-Computer für 3.500 € angeschafft (= Kauf und Erhalt) und hätte der Lieferant hierfür ein großzügiges Zahlungsziel von 60 Tagen eingeräumt, so hätte die Bilanzposition „Andere Anlagen, Betriebs- und Geschäftsausstattung" um 3.500 € zugenommen. Auf der Passivseite wäre eine Verbindlichkeit aus Lieferungen und Leistungen in gleicher Höhe (= 3.500 €) hinzugekommen. Die Bilanzsumme hätte sich demnach ebenfalls um 3.500 € erhöht. Das Eigenkapital bliebe aber weiterhin unverändert.

5.4 Aktiv-Passiv-Minderung (Bilanzverkürzung)

Vermindert sich durch einen Geschäftsvorfall sowohl die Aktivseite als auch die Passivseite der Bilanz um den gleichen Betrag, so spricht man von einer Aktiv-Passiv-Minderung (= Bilanzverkürzung oder Bilanzsummenverminderung):

■ Übersicht 10: Aktiv-Passiv-Minderung

Aktivseite	Bilanz zum 31.12. ...	Passivseite
Vermögen	Eigenkapital Fremdkapital	
Bilanzsumme	Bilanzsumme	

▓▓ Fall 20

Im Fall 16 hatte die Fit & Fun in der Bilanz zum 31.12.01 auch eine Verbindlichkeit gegenüber der „Sporthof GmbH" ausgewiesen.

Was würde sich an der Bilanz ändern, wenn das bilanzierende Unternehmen einen Teil seiner Schulden noch vor dem Abschlussstichtag in bar getilgt hätte?

Hätte die Fit & Fun noch vor dem Bilanzstichtag (31.12.01) ihren gesamten Kassenbestand (= 6.450 €) dazu verwendet, einen Teil ihrer Lieferantenverbindlichkeiten gegenüber der „Sporthof GmbH" in Höhe von 25.500 € zu begleichen, so hätten die Bilanzpositionen „Kassenbestand" und „Verbindlichkeiten aus Lieferungen und Leistungen" um jeweils 6.450 € abgenommen. Die Bilanzsumme hätte sich ebenfalls um 6.450 € vermindert. Das Eigenkapital bliebe aber nach wie vor unverändert. Die Bilanzposition „Kassenbestand" würde nunmehr einen Betrag von 0 € ausweisen. Gemäß § 265 Abs. 8 HGB brauchen derartige Leerposten in der Bilanz nicht aufgeführt zu werden, es sei denn, dass im vorhergehenden Geschäftsjahr unter diesem Posten ein von Null abweichender Betrag ausgewiesen wurde. Erstellen Sie doch zur Übung noch einmal diese leicht modifizierte Schlussbilanz!

6 Die zwei Formalien der doppelten Buchführung

> Die folgenden fünf Seiten haben einen zentralen Stellenwert für das Verständnis der doppelten Buchführung. Sie sollten diese also besonders bewusst lesen!

Wie Sie gesehen haben, werden das Vermögen und Kapital eines Unternehmens in seiner Bilanz abgebildet. Jeder Geschäftsvorfall ändert das Zahlenbild der Bilanz. Man könnte also, ausgehend von der Eröffnungsbilanz, nach jedem Geschäftsvorfall eine neue Bilanz erstellen, die dann die aktuelle Unternehmenslage abbilden würde. Dies wäre jedoch nicht nur sehr umständlich, sondern in der Praxis bei vielleicht Tausenden von Geschäftsvorfällen pro Tag praktisch auch kaum durchführbar. Damit ein sachkundiger Leser das betriebliche Geschehen anhand der doppelten Buchführung nachvollziehen kann (vgl. § 238 Abs. 1 S. 2 HGB), wurden daher zwei Formalien eingeführt, die lediglich der Ordnung und Übersichtlichkeit dienen sollen:

▶ Das T-Konto
▶ und der Buchungssatz.

▬▬ Fall 21

Die stark vereinfachte Bilanz der X-GmbH zum 31.12.01 hat folgendes Aussehen:

Aktivseite	Bilanz zum 31.12.01 (in Tsd.)		Passivseite
Waren	100 €	Eigenkapital	250 €
Guthaben bei		Verbindlichkeiten	
A-Bank	400 €	gegenüber B-Bank	250 €
	500 €		500 €

Im Geschäftsjahr 02 werden
1) neue Waren für 50.000 € gekauft, geliefert und per Banküberweisung
    bezahlt,

2) die Verbindlichkeiten in Höhe von 250.000 € per Banküberweisung
    getilgt.

Erstellen Sie die Bilanz zum 31.12.02!
„Nichts einfacher als das!" werden Sie denken. Und Sie haben Recht:

Aktivseite		Bilanz zum 31.12.02 (in Tsd.)	Passivseite	
Waren	150 €	Eigenkapital	250 €	
Guthaben bei		Verbindlichkeiten		
A-Bank	100 €	gegenüber B-Bank	0 €	
	250 €		250 €	

6.1 Das T-Konto

Wenn nun aber nicht zwei Buchungen pro Geschäftsjahr, sondern viele
Tausende zu erfolgen haben, wird das alles sehr unübersichtlich. Deshalb
richtet man in der doppelten Buchführung T-Konten ein.

Ein T-Konto ist eine zweiseitig geführte Berechnung. Die linke Seite des
T-Kontos wird mit Soll (S) und die rechte Seite des T-Kontos wird mit
Haben (H) bezeichnet. Eine Buchung auf der linken Seite eines T-Kontos
heißt deshalb Sollbuchung, eine Buchung auf der rechten Seite eines T-
Kontos heißt Habenbuchung. Die Seitenbezeichnungen Soll und Haben
sind historisch zu erklären. Sie entstammen dem Abrechnungsverkehr mit
Gläubigern und Schuldnern: Der Schuldner „Soll an uns zahlen"; die
Gläubiger „Haben" gut, das heißt, wir haben zu bezahlen.

Für jeden Bilanzposten wird ein T-Konto eingerichtet, auf dem die Anfangsbestände, die Zu- und Abgänge sowie der Endbestand verzeichnet
sind. Dabei geht man von folgender Überlegung aus:

Anfangsbestand + Zugänge ./. Abgänge = Endbestand

Damit ist auch:
Anfangsbestand + Zugänge = Abgänge + Endbestand

Dies lässt sich auch grafisch darstellen

Soll	Aktives Bestandskonto		Haben
Anfangsbestand	€	Abgänge	€
Zugänge	€	Endbestand	€
$\sum$	=		$\sum$

Soll	Passives Bestandskonto		Haben
Abgänge	€	Anfangsbestand	€
Endbestand	€	Zugänge	€
$\sum$	=		$\sum$

Sie sollten diese beiden T-Konten unbedingt zu Beginn Ihrer Klausur sofort auf einen Schmierzettel schreiben. Das wird Ihnen – wie Sie gleich sehen werden – enorm bei der Formulierung der Buchungssätze helfen.

Aus der „alten" Bilanz werden dann die Anfangsbestände in die T-Konten übertragen, dann im laufenden Geschäftsjahr dort die Zu- und Abgänge eingetragen und am Ende des Geschäftsjahres erhält man als Saldo den Endbestand, der in die „neue" Bilanz eingetragen wird.

Fall 22
Leiten Sie für Fall 21 aus der Bilanz zum 31.12.01 nochmals die Bilanz zum 31.12.02 ab. Verwenden Sie dabei diesmal T-Konten.

Soll	Bankkonto bei der A-Bank (in Tsd.)		Haben
Anfangsbestand	400 €	1.) Abgänge	50 €
Zugänge		2.) Abgänge	250 €
		Endbestand	100 €
	400 €		400 €

Soll	Warenbestand (in Tsd.)		Haben
Anfangsbestand	100 €	Abgänge	
1.) Zugänge	50 €	Endbestand	150 €
	150 €		150 €

Soll	Verbindlichkeiten gegenüber B-Bank (in Tsd.)		Haben
2.) Abgänge	250 €	Anfangsbestand	250 €
Endbestand	0 €	Zugänge	
	250 €		250 €

Soll	Eigenkapital (in Tsd.)		Haben
Abgänge		Anfangsbestand	250 €
Endbestand	250 €	Zugänge	
	250 €		250 €

Die Endbestände ergeben dann die neue Bilanz:

Aktivseite	Bilanz zum 31.12.02 (in Tsd.)		Passivseite
Waren	150 €	Eigenkapital	250 €
Guthaben bei		Verbindlichkeiten	
A-Bank	100 €	gegenüber B-Bank	0 €
	250 €		250 €

6.2 Der Buchungssatz

Wenn nun in einem Unternehmen eine Vielzahl von T-Konten existiert und auf jedem Konto wiederum zahlreiche Zu- und Abgänge zu verzeichnen sind, ist es auch einem sachverständigen Leser nicht mehr möglich, einer Kontobewegung die korrespondierende Bewegung auf einem anderen Konto zuzuordnen. Daher wurden hier die beiden Geschäftsvorfälle nummeriert. Um eine Buchung zusätzlich mit wenigen Worten deutlich machen zu können, wurde der Buchungssatz entwickelt.

Der Buchungssatz nennt die Konten, die durch einen Geschäftsvorfall berührt werden, und zeigt, ob sie im Soll oder im Haben angesprochen werden. In seiner Grundform lautet jeder einfache Buchungssatz: **Soll an Haben**.

Zuerst wird das Konto mit der Buchung auf der Sollseite und danach das Konto mit der Buchung auf der Habenseite genannt, wobei die beiden Konten durch das sinnlose (!) Wort an miteinander verbunden werden. Wird auf zwei Konten gebucht, so muss der auf der Sollseite gebuchte Betrag immer genauso groß sein wie der auf der Habenseite gebuchte Betrag.

■■■ Fall 23

Nennen Sie jetzt die beiden Buchungssätze zu den beiden Geschäftsvorfällen (1.) und (2.) aus Fall 21.

Sie glauben, dass Sie das nicht können?

Unfug! Es ist einfacher, als Sie denken. Merken Sie sich:

T-Konten und Buchungssätze sollen Ihnen das Arbeiten im Rechnungswesen erleichtern. Beide sind ganz schlichte Formalien, hinter denen keine höhere Wissenschaft steht.

Und wie ist nun die Lösung von Fall 23?

Waren	50	an	Bankkonto bei der A-Bank	50
Verbindlichkeiten		an	Bankkonto bei der	
gegenüber B-Bank	250		A-Bank	250

Und wenn Sie die Schlichtheit noch nicht erkannt haben: Das Wareneinkaufskonto wurde links (Sollseite), das Bankkonto rechts (Habenseite) angesprochen. Da jeder Buchungssatz Soll an Haben lautet, ergibt sich diese Lösung. Und falls Sie weiterhin darüber rätseln, was das an bedeutet, so heißt hier die Lösung: Nichts! Es verbindet lediglich die beiden Konten miteinander.

Bei vielen Geschäftsvorfällen werden aber mehr als zwei Konten angesprochen. In diesem Zusammenhang spricht man von zusammengesetzten Buchungssätzen. Hierbei gibt es folgende Möglichkeiten:

- ▶ Sollbuchung auf einem Konto
- ▶ Sollbuchungen auf mehreren Konten
- ▶ Sollbuchungen auf mehreren Konten
- ▶ Habenbuchungen auf mehreren Konten
- ▶ Habenbuchung auf einem Konto
- ▶ Habenbuchungen auf mehreren Konten

Leitsatz 7

Buchungssatz und T-Konto
Ein Buchungssatz lautet immer:
Soll an Haben.

Jeder Geschäftsvorfall wird also doppelt gebucht:
Zuerst im Soll, dann im Haben.

Die Summe der Werte der Sollbuchungen muss stets der Summe der Werte der Habenbuchungen entsprechen.

Bei allen aktiven Bestandskonten stehen
im Soll: Anfangsbestand und Zugänge
im Haben: Abgänge und Endbestand

Bei allen passiven Bestandskonten stehen
im Haben: Anfangsbestand und Zugänge
im Soll: Abgänge und Endbestand

Beachten Sie, dass Sie nie einen Wert in ein T-Konto eintragen (das heißt: buchen), ohne einen entsprechenden Buchungssatz zu formulieren. Dadurch können Sie das Gegenkonto nicht vergessen. Merken Sie sich einfach:

Keine Buchung ohne Buchungssatz.

7 Organisation der Buchführung

Der im historischen Ablauf stetig wachsende Geschäftsumfang der Unternehmen und die damit verbundene Zunahme des Buchungsstoffes erforderten eine rationellere Gestaltung der Buchführung. Zu diesem Zweck wurden Kontenrahmen entwickelt.

Die Vereinheitlichung der Kontensystematik einer Branche wird als Kontenrahmen bezeichnet. Hieraus entwickeln dann die einzelnen Unternehmen auf ihre betriebsindividuellen Bedürfnisse hin abgestimmte Kontenpläne. Die gebräuchlichsten Kontenrahmen sind:

▶ der Kontenrahmen für den Einzelhandel (EKR),
▶ der Kontenrahmen für den Groß- und Außenhandel,
▶ der Gemeinschaftskontenrahmen der Industrie (GKR),
▶ der Industriekontenrahmen (IKR),
▶ der Datev-Kontenrahmen SKR 03 und
▶ der Datev-Kontenrahmen SKR 04.

Kontenrahmen werden formal dekadisch gegliedert. Ein Kontenrahmen umfasst 10 Kontenklassen, die jeweils in Kontengruppen unterteilbar sind. Eine Kontengruppe enthält dann eine beliebige Anzahl von Konten, die nach Bedarf wieder in Unterkonten aufgegliedert werden können.

Kontenrahmen sind funktional entweder nach dem Abschlussgliederungsprinzip (= Ordnung gemäß der Bilanz- sowie der GuV-Gliederung) oder nach dem Prozessgliederungsprinzip (= Ordnung nach dem unternehmensbezogenen Wertefluss) gegliedert.

Lektion 4

Technik der doppelten Buchführung

1 Buchungen auf Bestandskonten

1.1 Auflösung der Eröffnungsbilanz über das Eröffnungsbilanzkonto (EBK)

Wie bereits in Lektion 3 erläutert, wäre es in der Praxis der doppelten Buchführung sehr umständlich, nach jedem Geschäftsvorfall eine neue Bilanz zu erstellen. Deshalb eröffnet man für die einzelnen Positionen der Eröffnungsbilanz Konten. Sehen Sie sich in Fall 16 noch einmal die Schlussbilanz des Sporteinzelhandels Fit und Fun zum 31.12.01 an! Diese Schlussbilanz zum 31.12.01 ist mit der Eröffnungsbilanz zum 1.1.02 identisch (Grundsatz der Bilanzidentität gemäß § 252 Abs. 1 Nr. 1 HGB).

Analog der beiden Seiten der Eröffnungsbilanz zum 1.1.02, nämlich Aktivseite und Passivseite, unterscheidet man aktive Bestandskonten (Herkunft: Aktivseite) und passive Bestandskonten (Herkunft: Passivseite). Sie haben gerade gelernt, dass bei aktiven Bestandskonten der Anfangsbestand und die Zugänge im Soll, die Abgänge und der Endbestand im Haben stehen. Passive Bestandskonten weisen den Anfangsbestand und die Zugänge im Haben, die Abgänge und den Endbestand dagegen im Soll aus. Die Ermittlung des Endbestands in einem Konto heißt Saldieren. Man ermittelt den Saldo (= Endbestand), indem man die betragsmäßig kleinere Kontoseite von der betragsmäßig größeren Kontoseite subtrahiert und die Differenz (= Saldo) auf der kleineren Kontoseite bucht.

Wie ebenfalls bereits erläutert, besteht bei der doppelten Buchführung der Grundsatz, dass zu jeder Buchung eine Gegenbuchung gehört (= Doppik). Dies gilt auch für die Eröffnungsbuchungen zum 1.1.02. Für jede Position der Eröffnungsbilanz des Sporteinzelhandels Fit & Fun zum 1.1.02 (siehe Fall 16) muss ein Buchungssatz formuliert werden. Als Hilfsmittel für die technische Durchführung der Eröffnung aller aktiven

und passiven Bestandskonten zum 1.1.02 fungiert das Eröffnungsbilanzkonto (EBK).

> Das Eröffnungsbilanzkonto ist nichts anderes als das Spiegelbild der
> Eröffnungsbilanz. Es nimmt die Positionen der Aktivseite der Eröff-
> nungsbilanz zum 1.1.02 im Haben und die Positionen der Passivseite
> der Eröffnungsbilanz zum 1.1.02 im Soll auf.

So lautet beispielsweise der Buchungssatz, mit dem der Anfangsbestand
der Bilanzposition Kassenbestand (6.450 €) auf das Konto Kasse gebucht
wird: Kasse 6.450 an EBK 6.450.

Damit wird deutlich, dass das Eröffnungsbilanzkonto lediglich zur Wah-
rung des Grundsatzes der doppelten Buchführung „Keine Buchung ohne
Gegenbuchung" für die Eröffnungsbuchungen notwendig ist. Es ist das
Gegenkonto der Eröffnungsbuchungen der Anfangsbestände auf den aktiven und passiven Bestandskonten. Bitte jetzt noch einmal das Inventar
in Fall 14 ansehen.

Zum 1.1.02 sind dann die Buchungssätze zu bilden:

Aktivseite:

Unbebaute Grundstücke an EBK	100.000
Bebaute Grundstücke an EBK	250.000
TA und Maschinen an EBK	38.000
Fuhrpark an EBK	50.000
BGA an EBK	3.150
Warengruppe Ski an EBK	66.250
Warengruppe Tennis an EBK	3.000
Warengruppe Golf an EBK	11.500
Warengruppe sonstige an EBK	450
Forderungen an EBK	23.600
Postbank an EBK	8.150
Sparkasse an EBK	9.000
Kasse an EBK	6.450

oder zusammengefasst: **Alle aktiven Bestandskonten an EBK**

▶

Passivseite:

EBK an Eigenkapital	242.500
EBK an Hypothek Hippobank	80.000
EBK an Darlehen Cottbusser Bank	175.000
EBK an Verbindlichkeiten aus L. u. L.	62.500
EBK an Umsatzsteuer	9.550

oder zusammengefasst: **EBK an alle passiven Bestandskonten**

Das EBK und die Eröffnungsbilanz des Sporteinzelhandels Fit & Fun zum 1.1.02 haben dann das folgende Aussehen:

Soll		Eröffnungsbilanzkonto	Haben
Eigenkapital	242.500	Unbebaute Grundstücke	100.000
Hypothek		Bebaute Grundstücke	250.000
Hippobank	80.000	TA und Maschinen	38.000
Darlehen		Fuhrpark	50.000
Cottbusser	175.000	BGA	3.150
Bank		Warengruppe Ski	66.250
Verbindlichkeiten		Warengruppe Tennis	3.000
aus L. u. L.	62.500	Warengruppe Golf	11.500
Umsatzsteuer	9.550	Warengruppe sonstige	450
		Forderungen aus L. u. L.	23.600
		Postbank	8.150
		Sparkasse	9.000
		Kasse	6.450
	569.550		569.550

Eröffnungsbilanz des Sporteinzelhandel „Fit und Fun", Berlin zum 01.01.02

Kontenbild	Aktivseite	€	Passivseite	€	Kontenbild
Unbebaute S Grundstücke H EBK 100.000	Grundstücke, grundstücksgleiche Rechte und Bauten	350.000	Eigenkapital	242.500	S Eigenkapital H EBK 242.500
Bebaute S Grundstücke H EBK 250.000			Verbindlichkeiten gegenüber Kreditin- stituten	255.000	Hypothek S Hippobank H EBK 80.000
TA u. S Maschinen H EBK 38.000	Technische Anlagen und Maschinen	38.000			Darlehen Cott- S busser Bank H EBK 175.000
S Fuhrpark H EBK 50.000	Andere Anlagen, Betriebs- und Ge- schäftsausstattung	53.150	Verbindlichkeiten aus Lieferungen und Leistungen	62.500	Verbindlichkeiten S aus L. u. L. H EBK 62.500
S BGA H EBK 3.150					
Warengruppe S Ski H EBK 66.250	Fertige Erzeugnisse und Waren	81.200	Sonstige Verbind- lichkeiten, davon aus Steuern	9.550	S Umsatzsteuer H EBK 9.550
Warengruppe S Tennis H EBK 3.000					
Warengruppe S Golf H EBK 11.500					

▶

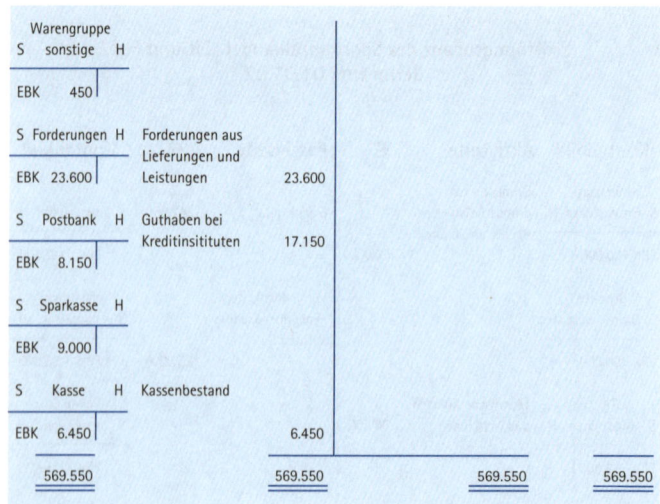

Auseinandergezogene Eröffnungsbilanz mit Kontenbild und Gegenkonto EBK

1.2 Bilden von Buchungssätzen und Buchungen auf reinen Bestandskonten

▰▰▰ Fall 24

Im Jahr 02 ereignen sich folgende Geschäftsvorfälle, die Sie nunmehr buchen sollen:

1. Der Tennis-Club „Blau-Weiss" überweist 3.600 € auf das Konto 654321-900 bei der Sparkasse (Inventar prüfen!).

2. Zur Begleichung der Verbindlichkeiten gegenüber der Adler & Partner OHG in Höhe von 37.000 € stellt die Cottbusser Bank AG ein weiteres Darlehen zur Verfügung und überweist den Betrag direkt an den Lieferanten.

3. Beim Computereinzelhandel „Chip & Bit" wird ein PC für 3.500 € gekauft. Dieser wird am 3.1.02 geliefert. Es wird ein Zahlungsziel von 20 Tagen vereinbart.

4. Die Umsatzsteuerschuld in Höhe von 9.550 € wird vom Konto 654321-900 bei der Sparkasse an das zuständige Finanzamt überwiesen.

5. Am 4.1.02 wird die fällige Tilgungsrate für die Hypothek in Höhe von 5.000 € vom Postbankkonto abgebucht.

6. Zur Verbesserung der Organisation des Warenlagers werden zwei weitere Warenregale im Gesamtwert von 1.700 € bei der „Büromöbel" AG gekauft. Diese werden auch sofort geliefert. Es wird ein Zahlungsziel von nur 10 Tagen vereinbart, da überaus großzügige Konditionen gewährt wurden.

7. Die Skischule Max Berg überweist auf das Konto 654321-900 bei der Sparkasse einen Teilbetrag i. H. v. 3.700 € (bitte Inventar prüfen!).

8. Der Unternehmer zahlt eine Tageskasse in Höhe von 5.000 € auf das Konto 654321-900 bei der Sparkasse ein.

9. Ein Betrag von 1.700 € wird für die Stuhllieferung vom Postbankkonto an die „Büromöbel AG" überwiesen.

10. Vom Konto 654321-900 bei der Sparkasse werden 10.000 € an die Cottbusser Bank AG zur Tilgung eines Teils des gewährten Darlehens überwiesen.

11. Der Golf-Pro Toni Banger bezahlt bar seine fällig gewordene Rechnung in Höhe von 3.900 € (wieder Inventar prüfen!).

12. Soeben neu eingekaufte und auch gelieferte 5 Tennisschläger im Gesamtwert von 1.500 € werden sofort bar bezahlt.

13. Der LKW VW-Kasten B-VW 1010 wird zum Buchwert in Höhe von 20.000 € verkauft. Der Käufer bezahlt bar.

14. Zur Reduzierung der Bargeldbestände zahlt der Unternehmer 17.000 € auf das Konto 123456-100 bei der Postbank ein.

15. Als Ersatz für den verkauften LKW VW-Kasten kauft der Unternehmer am 15.1.02 einen neuen LKW Mercedes. Er überweist vom Konto 123456-100 bei der Postbank eine Anzahlung in Höhe von 15.000 €, da ihm äußerst günstige Lieferungs- und Zahlungsbedingungen eingeräumt wurden.

16. Der Unternehmer kauft für seine Buchführungsarbeiten einen vollelektronischen Tischrechner für 1.000 € und bezahlt diesen sofort bar bei Mitnahme aus dem Geschäft.

17. Am 18.1.02 werden von der „Schönstoff AG" T-Shirts (Warengruppe Golf) im Gesamtwert von 300 € geliefert. Der beiliegenden Rechnung ist folgende Zahlungskondition zu entnehmen: „Zahlbar innerhalb von 14 Tagen ohne jeden Abzug".

18. Die Rechnung des Computereinzelhandels „Chip & Bit" in Höhe von 3.500 € wird am 22.1.02 durch Überweisung vom Sparkassenkonto beglichen.

19. Die Skischule Max Berg überweist einen weiteren Teilbetrag ihrer Schuld (5.000 €) auf das Konto 654321-900 bei der Sparkasse (und nochmals das Inventar prüfen!).

Um die 19 Geschäftsvorfälle buchungstechnisch richtig zu erfassen, müssen vor jeder Buchung folgende vier Fragen beantwortet werden:

1) Welche Bilanzposten ändern sich und welche Konten werden somit angesprochen?

2) Um welche Art von Konten handelt es sich dabei (aktive Bestandskonten und/oder passive Bestandskonten)?

3) Handelt es sich um einen Zugang oder um einen Abgang?

4) Auf welcher Seite des jeweiligen Kontos ist der Betrag zu buchen?

Am Beispiel der Skischule Max Berg (Geschäftsvorfall 19), die 5.000 € auf das Konto 654321-900 bei der Sparkasse überweist, sollen für Fit & Fun die soeben vorgestellten vier Fragen noch einmal erläutert werden:

zu 1):   Angesprochen werden das Forderungskonto und das Bankkonto.

zu 2):   Beide Konten sind aktive Bestandskonten.

zu 3):   Das Bankkonto nimmt zu, das Forderungskonto nimmt ab.

zu 4):   Das Bankkonto nimmt im Soll zu, das Forderungskonto nimmt im Haben ab.

Buchung: Sparkasse an Forderungen aus L. u. L. 5.000
Die Buchungssätze zu Fall 24 (alle Beträge in €) lauten:

Lfd. Nr.	Buchungssätze	Soll	Haben
1	Sparkasse an Forderungen aus L. u. L.	3.600	3.600
2	Verbindlichkeiten aus L. u. L. an Darlehen Cottbusser Bank	37.000	37.000
3	BGA an Verbindlichkeiten aus L. u. L.	3.500	3.500
4	Umsatzsteuer an Sparkasse	9.550	9.550
5	Hypothek Hippobank AG an Postbank	5.000	5.000
6	BGA an Verbindlichkeiten aus L. u. L.	1.700	1.700
7	Sparkasse an Forderungen aus L. u. L.	3.700	3.700

8	Sparkasse an Kasse	5.000	5.000
9	Verbindlichkeiten aus L. u. L an Postbank	1.700	1.700
10	Darlehen Cottbusser Bank an Sparkasse	10.000	· 10.000
11	Kasse an Forderungen aus L. u. L.	3.900	3.900
12	Warengruppe Tennis an Kasse	1.500	1.500
13	Kasse an Fuhrpark	20.000	20.000
14	Postbank an Kasse	17.000	17.000
15	Geleistete Anzahlungen auf Sachanlagen an Postbank	15.000	15.000
16	BGA an Kasse	1.000	1.000
17	Warengruppe Golf an Verbindlichkeiten aus L. u. L.	300	300
18	Verbindlichkeiten aus L. u. L. an Sparkasse	3.500	3.500
19	Sparkasse an Forderungen aus L. u. L.	5.000	5.000

1.3 Abschluss der Bestandskonten über das Schlussbilanzkonto (SBK)

▆▆▆ Fall 25

Schließen Sie, ausgehend von der Eröffnungsbilanz des Sporteinzelhandels Fit & Fun zum 1.1.02 sowie der sich im Jahr 02 ereigneten Geschäftsvorfälle (siehe Fall 24), die Konten über das Schlussbilanzkonto zum 31.12.02 ab.

Um eine Schlussbilanz des Sporteinzelhandels Fit & Fun zum 31.12.02 erstellen zu können, müssen zum Ende der Geschäftsperiode die Konten abgeschlossen werden. Der Abschluss der Konten erfolgt dadurch, dass zunächst für jedes Konto die wertmäßige Summe der Soll- und der Habenbuchungen ermittelt und sodann der Saldo festgestellt wird. Dieser ist mit den Ergebnissen der körperlichen Bestandsaufnahme (= Inventur) zu vergleichen.

Der Saldo eines Kontos, der gleichzeitig dem Endbestand des jeweiligen Kontos entspricht, wird zum Ausgleich dieses Kontos dann auf der Seite gebucht, auf der die geringere Summe der Werte steht. Da bei den aktiven Bestandskonten der Anfangsbestand und alle Zugänge auf der Sollseite, die Abgänge dagegen auf der Habenseite gebucht werden, muss der Endbestand (= Saldo) eines jeden aktiven Bestandskontos auf der Habenseite gebucht werden. Umgekehrt werden bei den passiven Bestandskonten der Anfangsbestand und alle Zugänge auf der Habenseite, die Abgänge dagegen auf der Sollseite gebucht. Folglich muss der Endbestand (= Saldo) eines jeden passiven Bestandskontos auf der Sollseite gebucht werden.

Um die Endbestände auf den einzelnen aktiven und passiven Bestandskonten buchungstechnisch richtig erfassen zu können, müssen also Buchungssätze (= Abschlussbuchungen) gebildet werden. Da in der doppelten Buchführung keine Buchung ohne Gegenbuchung erfolgt, wird als Gegenkonto für die Abschlussbuchungen aller aktiven und passiven Bestandskonten das Schlussbilanzkonto (SBK) eingerichtet. Die entsprechenden Buchungssätze lauten dann:

> SBK an alle aktiven Bestandskonten
> und
> alle passiven Bestandskonten an SBK

Alle Endbestände der aktiven und passiven Bestandskonten werden somit auf dem Schlussbilanzkonto gegengebucht. Anders als beim Eröffnungsbilanzkonto ist der Aufbau von Schlussbilanz und Schlussbilanzkonto völlig identisch. Die Endbestände der aktiven Bestandskonten, die die Vermögenswerte des Sporteinzelhandels Fit & Fun darstellen, stehen auf der Sollseite des Schlussbilanzkontos (= links); die Endbestände der passiven Bestandskonten, die die Werte auf der Kapitalseite des Sporteinzelhandels Fit & Fun repräsentieren, erscheinen auf der Habenseite des Schlussbilanzkontos (= rechts). Die Schlussbilanz ist dann nichts anderes als eine Abschrift des Schlussbilanzkontos.

Leitsatz 8

!

Erfolgsneutrale Buchungen
Erfolgsneutrale Geschäftsvorfälle werden stets auf Bestandskonten gebucht. Die Anfangsbestände werden durch zwei Eröffnungsbuchungen aus dem EBK übernommen.

Aktives Bestandskonto	**an**	**EBK**
	oder	
EBK	**an**	**Passives Bestandskonto**

Nach der Buchung der laufenden Geschäftsvorfälle werden die Bestandskonten über das SBK abgeschlossen, indem die Endbestände an dieses gebucht werden.

SBK	**an**	**Aktives Bestandskonto**
Passives Bestandskonto	**an**	**SBK**

Weiter mit Fall 25: Formulieren Sie nun die Abschlussbuchungen der Fit & Fun für Fall 24.

Folgende Abschlussbuchungssätze sind somit zum 31.12.02 zu bilden (alle Beträge in €):

SBK	an	Unbebaute Grundstücke	100.000
SBK	an	Bebaute Grundstücke	250.000
SBK	an	TA und Maschinen	38.000
SBK	an	Fuhrpark	30.000
SBK	an	BGA	9.350
SBK	an	Geleistete Anzahlungen auf Sachanlagen	15.000
SBK	an	Warengruppe Ski	66.250
SBK	an	Warengruppe Tennis	4.500
SBK	an	Warengruppe Golf	11.800
SBK	an	Warengruppe sonstige	450
SBK	an	Forderungen aus L. u. L.	7.400
SBK	an	Postbank	3.450
SBK	an	Sparkasse	3.250
SBK	an	Kasse	5.850
Eigenkapital	an SBK		242.500
Hypothek Hippobank	an SBK		75.000
Darlehen Cottbusser Bank	an SBK		202.000
Verbindlichkeiten aus L. u. L.	an SBK		25.800

Aus dem Kontenbild des Sporteinzelhandels Fit & Fun zum 31.12.02 ergibt sich dann das Schlussbilanzkonto:

S	Unbebaute Grundstücke		H
EBK	100.000	SBK	100.000
	100.000		100.000

S	Bebaute Grundstücke		H
EBK	250.000	SBK	250.000
	250.000		250.000

S	BGA		H
EBK	3.150	SBK	9.350
3) Verb.	3.500		
6) Verb.	1.700		
16) Kasse	1.000		
	9.350		9.350

S	Verbindlichkeiten aus L. u. L.		H
2) Darl.	37.000	EBK	62.500
9) Postb.	1.700	3) BGA	3.500
18) Spark.	3.500	6) BGA	1.700
SBK	25.800	17) Golf	300
	68.000		68.000

S	Warengruppe Ski		H
EBK	66.250	SBK	66.250
	66.250		66.250

S	Gel. Anzahlungen auf SAV		H
15) Postb.	15.000	SBK	15.000
	15.000		15.000

S	Warengruppe Golf		H
EBK	11.500	SBK	11.800
17) Verb.	300		
	11.800		11.800

S	Warengruppe Tennis		H
EBK	3.000	SBK	4.500
12) Kasse	1.500		
	4.500		4.500

S	Forderungen aus L. u. L.		H
EBK	23.600	1) Spark.	3.600
		7) Spark.	3.700
		11) Kasse	3.900
		19) Spark.	5.000
		SBK	7.400
	23.600		23.600

S	Postbank		H
EBK	8.150	5) Hypoth.	5.000
14) Kasse	17.000	9) Verb.	1.700
		15) gelAn	15.000
		SBK	3.450
	25.150		25.150

S	Sparkasse		H
EBK	9.000	4) USt	9.550
1) Ford.	3.600	10) Darl.	10.000
7) Ford.	3.700	18) Verb.	3.500
8) Kasse	5.000	SBK	3.250
19) Ford.	5.000		
	26.300		26.300

S	Kasse		H
EBK	6.450	8) Spark.	5.000
11) Ford.	3.900	12) Tennis	1.500
13) Fuhrp	20.000	14) Postb.	17.000
		16) BGA	1.000
		SBK	5.850
	30.350		30.350

S	Eigenkapital		H
SBK	242.500	EBK	242.500
	242.500		242.500

S	TA und Maschinen		H
EBK	38.000	SBK	38.000
	38.000		38.000

S	Darlehen Cottbusser Bank		H
10) Spark.	10.000	EBK	175.000
SBK	202.000	2) Verb.	37.000
	212.000		212.000

S	Hypothek Hippobank		H
5) Postb.	5.000	EBK	80.000
SBK	75.000		
	80.000		80.000

S	Umsatzsteuer		H
4) Spark.	9.550	EBK	9.550
	9.550		9.550

S	Fuhrpark		H
EBK	50.000	13) Kasse	20.000
		SBK	30.000
	50.000		50.000

S	Warengruppe sonst.		H
EBK	450	SBK	450
	450		450

Soll		Schlussbilanzkonto		Haben
Unbebaute Grundstücke	100.000	Eigenkapital		242.500
Bebaute Grundstücke	250.000	Hypothek Hippobank		75.000
TA und Maschinen	38.000	Darlehen Cottb. Bank		202.000
Fuhrpark	30.000	Verbindlichkeiten		
BGA	9.350	aus L. u. L.		25.800
Gel. Anzahlungen				
auf Sachanlagen	15.000			
Warengruppe Ski	66.250			
Warengruppe Tennis	4.500			
Warengruppe Golf	11.800			
Warengruppe sonstige	450			
Forderungen aus L. u. L.	7.400			
Postbank	3.450			
Sparkasse	3.250			
Kasse	5.850			
	545.300			545.300

Aus dem SBK werden die Beträge ohne weitere Buchungsvorgänge in die Schlussbilanz zum 31.12.02 übertragen:

	Sporteinzelhandel Fit und Fun	
Aktivseite	Bilanz zum 31.12.02 (in €)	Passivseite

A. Anlagevermögen			A. Eigenkapital	242.500
I. Sachanlagen			B. Verbindlichkeiten	
1. Grundstücke, grundstücksgleiche Rechte und Bauten	350.000		1. Verbindlichkeiten gegenüber Kreditinstituten	277.000
2. Technische Anlagen und Maschinen	38.000		2. Verbindlichkeiten aus Lieferungen und Leistungen	25.800
3. Andere Anlagen, Betriebs- und Geschäftsausstattung	39.350			
4. Gel. Anzahlungen auf Sachanlagen	15.000			
B. Umlaufvermögen				
I. Vorräte				
1. Fertige Erzeugnisse und Waren	83.000			
II. Forderungen und sonstige Vermögensgegenstände				
1. Forderungen aus Lieferungen und Leistungen	7.400			
III. Flüssige Mittel				
1. Guthaben bei Kreditinstituten	6.700			
2. Kassenbestand	5.850			
	545.300			545.300

Berlin, 31.12.02
Paul Piste

Übersicht 11: Eröffnungs-, laufende und Abschlussbuchungen

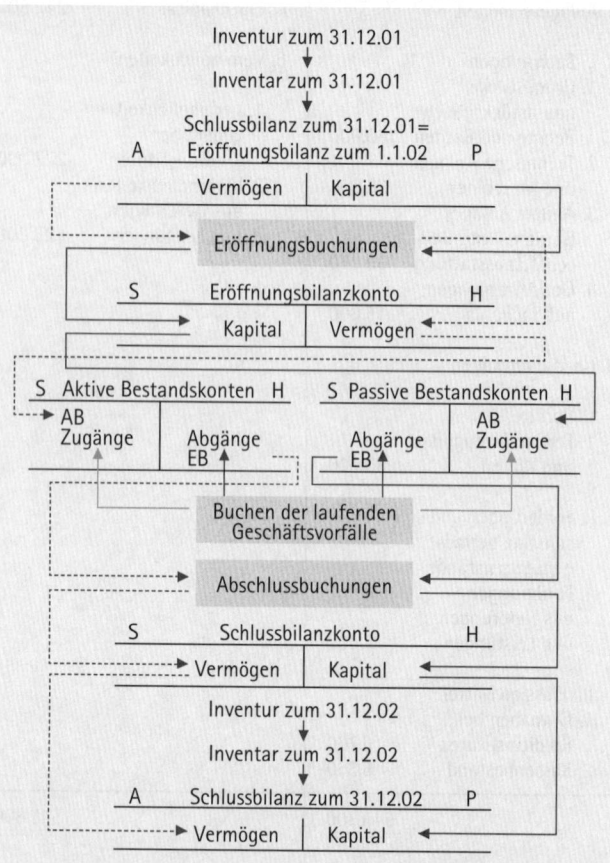

Inventur zum 31.12.01
↓
Inventar zum 31.12.01
↓
Schlussbilanz zum 31.12.01=
A   Eröffnungsbilanz zum 1.1.02   P

Vermögen	Kapital

Eröffnungsbuchungen

S   Eröffnungsbilanzkonto   H
Kapital	Vermögen

S Aktive Bestandskonten H	S Passive Bestandskonten H
AB Zugänge	Abgänge EB	Abgänge EB	AB Zugänge

Buchen der laufenden Geschäftsvorfälle

Abschlussbuchungen

S   Schlussbilanzkonto   H
Vermögen	Kapital

Inventur zum 31.12.02
↓
Inventar zum 31.12.02
↓
A   Schlussbilanz zum 31.12.02   P

Vermögen	Kapital

Übersicht 11 verdeutlicht noch einmal den Gesamtzusammenhang zwischen der Eröffnungsbilanz, den Eröffnungsbuchungen, den laufenden Buchungen, den Abschlussbuchungen, dem Schlussbilanzkonto und der Schlussbilanz unter Abstimmung der Ergebnisse mit den Ergebnissen der körperlichen Bestandsaufnahme (= Inventur und Inventar).

2 Buchungen auf Erfolgskonten

2.1 Auflösung des Eigenkapitalkontos in Aufwands- und Ertragskonten

Das gemeinsame Merkmal aller bisher gebuchten Geschäftsvorfälle war, dass zwar Wertebewegungen auf der Aktivseite und/oder auf der Passivseite der Bilanz des Sporteinzelhandels Fit & Fun stattfanden, die Höhe des Eigenkapitals aber stets unverändert blieb. Alle bisher gebuchten Geschäftsvorfälle waren stets erfolgsneutral.

Viele Geschäftsvorfälle führen aber zu einer Änderung der Höhe des Eigenkapitals. Erhält ein Unternehmen beispielsweise Mieterträge, so wird die Differenz aus Vermögen und Schulden größer. Das Eigenkapital steigt. Hat ein Unternehmen andererseits Lohnaufwand, so wird die Differenz aus Vermögen und Schulden kleiner. Das Eigenkapital sinkt. Man definiert:

Erfolg = Jahresüberschuss bzw. Jahresfehlbetrag
= Ertrag ./. Aufwand

Damit sind Ihnen inzwischen zwei Wege zur Erfolgsermittlung bekannt: zum einen der Bestandsgrößenvergleich, zum anderen der Strömungsgrößenvergleich.

Übersicht 12: Erfolgsermittlung

Bestandsgrößenvergleich (Distanzrechnung)	Strömungsgrößenvergleich (Gewinn- und Verlustrechnung)
Eigenkapital zum 31.12. t_1 ./ Eigenkapital zum 31.12. t_0	Ertrag in t_1 ./ Aufwand in t_1
= Erfolg in t_1	= Erfolg in t_1

Fall 26

„Na toll!" denkt sich X. „Jetzt haben wir also sogar zwei Gewinne in einem Jahresabschluss."

Stimmt das?

Nein, natürlich nicht. Die Ergebnisse der Distanz- und der Gewinn- und Verlustrechnung müssen stets gleich groß sein. Da der Jahresüberschuss (Gewinn ist nur der umgangssprachliche Ausdruck), den die GuV ausweist, das Eigenkapital erhöht und die Distanzrechnung die Eigenkapitalerhöhung bzw. –minderung misst, müssen beide Wege zum gleichen Ergebnis führen.

Fall 27

„Prima! Warum kann ich denn nicht einfach auf die GuV verzichten?" denkt sich daraufhin unser X.

Warum muss die GuV wohl trotzdem erstellt werden?

Zunächst, weil der Gesetzgeber dies in § 242 Abs. 2 HGB vorschreibt. Die Buchung der erfolgswirksamen Geschäftsvorfälle könnte aber tatsächlich direkt über das Eigenkapitalkonto erfolgen. Diese Methode hätte allerdings zwei Nachteile: Zum einen würde das Eigenkapitalkonto unübersichtlich werden, zum anderen würde die Entstehung des Jahreserfolges als Saldo aus Aufwendungen und Erträgen nicht sichtbar. Um die Übersichtlichkeit des Eigenkapitalkontos zu wahren und die Quellen des Erfolges sichtbar zu machen, werden Erfolgskonten als Unterkonten des Eigenkapitalkontos geführt. Hierbei kann es sich beispielsweise handeln um:

Übersicht 13: Beispiele für Erfolgskonten

Aufwandskonten:

Wareneinsatz
Bestandsminderungen
Rohstoffaufwendungen
Hilfsstoffaufwendungen
Betriebsstoffaufwendungen
Aufwendungen für bezogene
Leistungen
Löhne
Gehälter
Sozialabgaben
Abschreibungen
Mieten
Aufwendungen des Geldverkehrs
Büromaterial
Postgebühren
Telefon
Reiseaufwendungen
Werbung
Instandhaltungsaufwendungen
Periodenfremde Aufwendungen
Betrieblich außerordentliche
Aufwendungen
Versicherungsbeiträge

Ertragskonten :

Erträge aus Warenverkäufen
Umsatzerlöse
Bestandserhöhungen
Andere aktivierte
Eigenleistungen
Beratungserträge
Provisionserträge
Zinserträge
Betriebsfremde Erträge
Periodenfremde Erträge
Betrieblich außerordentliche
Erträge

Da Aufwendungen und Erträge das Eigenkapital verändern, bucht man sie auf der jeweils gleichen Kontoseite, wie man sie im Eigenkapitalkonto buchen würde. Hieraus lässt sich der so wichtige Leitsatz 9 ableiten:

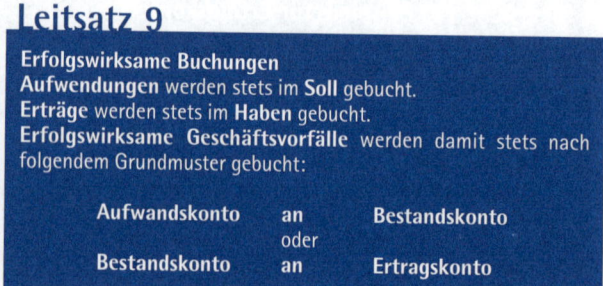

Leitsatz 9

Erfolgswirksame Buchungen
Aufwendungen werden stets im **Soll** gebucht.
Erträge werden stets im **Haben** gebucht.
Erfolgswirksame Geschäftsvorfälle werden damit stets nach folgendem Grundmuster gebucht:

Aufwandskonto	an	Bestandskonto
	oder	
Bestandskonto	an	Ertragskonto

2.2 Bilden von Buchungssätzen und Buchungen auf reinen Erfolgskonten

Fall 28

Im Sporteinzelhandel Fit & Fun ereignen sich folgende erfolgswirksame Geschäftsvorfälle, die Sie nunmehr buchen sollen:

1. Abgeschlossene Studie für den Golf- und Land Club Berlin Nobel über die Neukonzeption einer Driving-Range nebst winterfester beheizter Abschlaghütten; Honorarforderung 10.000 €.

2. Zinsgutschrift in Höhe von 50 € auf dem Konto 654321-900 bei der Sparkasse.

3. Zinszahlung in Höhe von 600 € an die Hippobank über das Konto 123456-100 bei der Postbank.

4. Barkauf (= Kauf und Lieferung) von Briefmarken im Gesamtwert von 100 €.

5. Abbuchung der Telefongebühren in Höhe von 150 € vom Konto 123456-100 bei der Postbank.

6. Zielkauf (= Kauf und Lieferung) von Büromaterial für 200 €.

7. Erhalt einer Rechnung über 400 € für eine Werbeanzeige in einer großen Berliner Tageszeitung.

8. Die Postbank erhebt Kontoführungsgebühren in Höhe von 25 € und belastet mit diesem Betrag das Konto 123456-100.

9. Eingang einer Rechnung über die Kraftfahrzeugversicherung in Höhe von 550 €.

10. Durchgeführte Inspektions- und Wartungsarbeiten beim betrieblichen PKW VW Sharan werden sofort bar bezahlt (450 €).

11. Überweisung der Stromkosten in Höhe von 400 € vom Konto 123456-100 bei der Postbank.

12. Das Konto 654321-900 bei der Sparkasse wird mit 30 € Kontoführungsgebühren belastet.

13. Darlehenszinsen in Höhe von 1.600 € werden vom Konto 654321-900 bei der Sparkasse an die Cottbusser Bank AG überwiesen.

14. Der Unternehmer erhält eine Rechnung über 450 € von der Rechtsanwältin Maggie Durchblick für Rechtsberatungen.

15. Eingang einer Rechnung über Müllentsorgung in Höhe von 180 €.

Die Buchungssätze lauten (alle Beträge in €):

1.	Forderungen aus L.u.L.	an	Beratungserträge	10.000
2.	Sparkasse	an	Zinserträge	50
3.	Zinsaufwand	an	Postbank	600
4.	Postaufwand	an	Kasse	100
5.	Telefonaufwand	an	Postbank	150
6.	Büroaufwand	an	Verbindlichkeiten aus L.u.L.	200
7.	Werbeaufwand	an	Verbindlichkeiten aus L.u.L.	400
8.	Aufwand des Geldverkehrs	an	Postbank	25
9.	Versicherungsaufwand	an	Verbindlichkeiten aus L.u.L.	550
10.	Instandhaltungsaufwand	an	Kasse	450

11. Aufwand für Energie	an	Postbank	400
12. Aufwand des Geldverkehrs	an	Sparkasse	30
13. Zinsaufwand	an	Sparkasse	1.600
14. Rechts- und Beratungs-aufwand	an	Verbindlichkeiten aus L. u. L.	450
15. Abfallentsorgungs-aufwand	an	Verbindlichkeiten aus L. u. L.	180

Das Bild der Erfolgskonten mit Kontoabschluss sieht dann wie folgt aus:

S	Beratungserträge	H
		1) Forderungen
Saldo	10.000	10.000

S	Aufwand des Geldverkehrs	H
8) Postbank	25	
12) Sparkasse	300	*Saldo* 325

S	Zinserträge	H
		2) Sparkasse 50
Saldo	50	

S	Versicherungsaufwand	H
9) Verb. 550		
		Saldo 550

S	Zinsaufwand	H
3) Postbank	600	
13) Sparkasse 1600		*Saldo* 2.200

S	Instandhaltungsaufwand	H
10) Kasse 450		
		Saldo 450

S	Postaufwand	H
4) Kasse 100		
		Saldo 100

S	Energieaufwand	H
11) Postbank 400		
		Saldo 400

S	Telefonaufwand	H
5) Postbank 150		
		Saldo 150

S	Rechts- u. Beratungsaufwand	H
14) Verb. 450		
		Saldo 450

S	Büroaufwand	H
6) Verb. 200		
		Saldo 200

S	Abfallentsorgungsaufwand	H
15) Verb. 180		
		Saldo 180

S	Werbeaufwand	H
7) Verb. 400		
		Saldo 400

2.3 Abschluss der Erfolgskonten
   über das Gewinn- und Verlustkonto (GuV-Konto)

Die Salden aller Erfolgskonten werden nicht direkt über das Eigenkapitalkonto abgeschlossen, sondern auf einem vorgeschalteten Erfolgssammelkonto, dem Gewinn- und Verlustkonto (= GuV-Konto) gebucht. Ist die Summe der Erträge größer als die der Aufwendungen, erscheint der Saldo auf der Sollseite des GuV-Kontos. Dies ist der in der Periode erwirtschaftete Jahresüberschuss. Falls ein Jahresfehlbetrag entstanden ist, ergibt sich der Saldo auf der Habenseite des Kontos.

Für die Erfolgskonten gilt gemäß § 246 Abs. 2 HGB das Saldierungsverbot, das heißt, korrespondierende Konten (z. B. Mietertrag und Mietaufwand) dürfen nicht miteinander verrechnet werden. Da jede Erfolgsart in einem eigenen Konto abgebildet wird und das Saldierungsverbot gilt, sind in der GuV neben der Höhe auch die Quellen des Erfolges genau feststellbar.

S	GuV-Konto		H
Postaufwand	100	Beratungserträge	10.000
Telefonaufwand	150	Zinserträge	50
Büroaufwand	200		
Werbeaufwand	400		
Aufwand des Geldverkehrs	325		
Versicherungsaufwand	550		
Instandhaltungsaufwand	450		
Energieaufwand	400		
Rechts- und Beratungsaufwand	450		
Abfallentsorgungsaufwand	180		
Zinsaufwand	2.200		
Jahresüberschuss	4.645		
	10.050		10.050

Das GuV-Konto wird über das Eigenkapitalkonto abgeschlossen. Ein in der GuV ausgewiesener Jahresüberschuss führt zu einer Nettovermögenserhöhung im Haben des Eigenkapitalkontos, ein Jahresfehlbetrag wird auf der Sollseite des Eigenkapitalkontos gebucht. Damit schließt sich der Regelkreis der doppelten Buchführung, da das Eigenkapitalkonto über das Schlussbilanzkonto abgeschlossen wird. Das Schlussbilanzkonto muss „aufgehen", sonst liegt ein Fehler vor. Die Schlussbilanz ist dann nur noch eine nach § 266 HGB gegliederte Abschrift des Schlussbilanzkontos und die GuV ist eine nach § 275 HGB gegliederte Abschrift des GuV-Kontos.

Leitsatz 10

Abschluss der Erfolgskonten
Alle Aufwandskonten werden wie folgt abgeschlossen:
GuV-Konto an alle Aufwandskonten.

Für alle Ertragskonten gilt dann:
Alle Ertragskonten an GuV-Konto.

Die Abschlussbuchungen für das GuV-Konto lauten:
GuV-Konto an Eigenkapitalkonto (bei Jahresüberschuss).
Eigenkapitalkonto an GuV-Konto (bei Jahresfehlbetrag).
Eigenkapitalkonto an SBK.

Übersicht 14 verdeutlicht noch einmal zusammengefasst die Buchung auf den Erfolgskonten und ihren Abschluss.

Übersicht 14: Laufende und Abschlussbuchungen bei Erfolgskonten

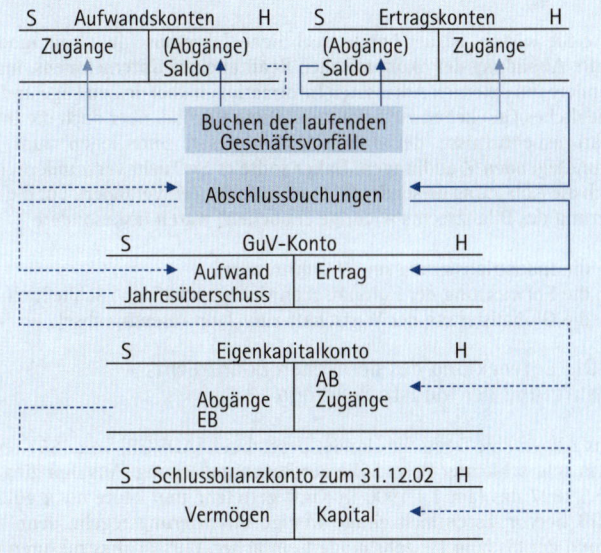

Das Bilanzrecht nach HGB und IAS/IFRS

Lektion 5
Rechtsgrundlagen des handelsrechtlichen Jahresabschlusses

Wie Sie wissen, ist der handelsrechtliche Jahresabschluss eine modellhafte Abbildung der ökonomischen Realität eines Unternehmens, insbesondere um externen Adressaten Informationen über dessen Lage und betriebliches Geschehen zu vermitteln. Diese Realität, aber auch die Informationsbedürfnisse der Jahresabschlussleser, unterliegen zum Teil
grundlegenden Wandlungen. Daher sollte es Sie nicht verwundern, dass
sich die Abbildung dieser Realität im Laufe der Zeit verändert. Für die Änderung des Bilanzrechts wichtige „Epochen" waren insbesondere

▶ die Industrialisierung im 19. Jahrhundert,
▶ die Entwicklung der Europäischen Gemeinschaft und schließlich
▶ die Globalisierung der Wirtschaft zum Jahrtausendwechsel.

1 Die Entwicklung des deutschen Bilanzrechts aufgrund der Industrialisierung

Das Allgemeine Deutsche Handelsgesetzbuch (ADHGB) von 1861 regel-
te in sehr schlichter Form Fälle der Rechnungslegung. Aus ihm ging am
10.5.1897 das (am 1.1.1900 in Kraft getretene und heute noch gültige)
HGB hervor. Es enthielt einige wenige Bilanzierungsregeln, denn aufgrund der bis zum 19. Jahrhundert einfachen Wirtschaftsstrukturen und
unterentwickelter Kapitalmärkte war der Informationsbedarf externer
Adressaten über die wirtschaftliche Lage von Unternehmen i.d.R. gering. Es gab zwar bereits seit mehreren Jahrhunderten Börsen; Gegen-
stand der dortigen Transaktionen waren aber vor allem Warentermingen-
schäfte. Dies änderte sich durch die Industrialisierung. Es entstanden
große Unternehmen (vor allem Aktiengesellschaften) mit zum Teil er-
heblichem Kapitalbedarf (z.B. Eisenbahngesellschaften) und damit auch
der organisierte Handel mit Aktien an den Wertpapier- und Effektenbör-
sen. Folglich wuchs auch das Informationsbedürfnis der Kapitalgeber.

1870 schuf der Gesetzgeber aufgrund der rasanten Zunahme von Aktiengesellschaften ein eigenständiges Aktienrecht. Im Rahmen der Aktien-
rechtsnovelle von 1884 entstand für Aktiengesellschaften erstmals die

Verpflichtung zur Erstellung von Bilanz und GuV. Fortan regelten das ADHGB bzw. später das HGB nur die Rechnungslegung der übrigen Kaufleute. Mit den folgenden Aktiengesetzen (AktG) von 1937 und 1965 wurden die Bilanzierungsvorschriften für Aktiengesellschaften jeweils verschärft und (z. B. um Offenlegungs und Prüfungspflichten) ergänzt. Das GmbHG enthielt daneben sehr viel weichere Rechnungslegungsbestimmungen für die GmbH. Für Einzelunternehmen sowie Personengesellschaften blieb es bis in die achtziger Jahre des zwanzigsten Jahrhunderts (!) bei den rudimentären Vorschriften des HGB.

2 Die Europäisierung des deutschen Bilanzrechts

Mit der Schaffung der Europäischen Gemeinschaft (heute: Europäische Union) wuchs auch das Bedürfnis der Unternehmen und Kapitalanleger nach vergleichbaren Jahresabschlüssen in Europa. Hierzu wurden von der Europäischen Gemeinschaft verschiedene EG-Richtlinien erarbeitet, von denen insbesondere die 4., die 7. sowie die 8. Richtlinie in die heutigen Rechnungslegungsvorschriften eingegangen sind. Vor allem die 4. EG-Richtline, die so genannte Bilanzrichtlinie, die 1978 verabschiedet und 1985 (im Dritten Buch des HGB) in deutsches Recht transformiert wurde, sollte eine weitgehende Harmonisierung der Jahresabschlüsse in der EG bewirken.

Als Folge der Vereinheitlichung des europäischen Bilanzrechts sind seit 1986 die Buchführungs- und Bilanzierungsvorschriften für alle Kaufleute in den §§ 238 ff. HGB zusammengefasst. Man kann somit das Dritte Buch des HGB als gesetzliche Grundlage des Bilanzrechts in Deutschland bezeichnen. Dabei hatte der deutsche Gesetzgeber eine schwierige Problemstellung zu lösen: Einerseits sollten die Rechnungslegungsvorschriften für alle Kaufleute (insbesondere Einzelunternehmen, Personengesellschaften und Kapitalgesellschaften) in einem Gesetz zusammengefasst werden. Andererseits sah der Gesetzgeber gerade bei den kleineren Unternehmen, also i.d.R. Einzelunternehmen, Personengesellschaften und kleine GmbH, die Notwendigkeit, sie vor zu strengen Rechnungslegungsnormen zu schützen. Daher wählte er einen zweistufigen Aufbau des dritten Buchs des HGB.

> Bevor Sie weiterlesen, sollten Sie unbedingt drei Minuten in die
> Inhaltsübersicht Ihres HGB schauen und sich die Gliederung des
> Dritten Buchs (§§ 238 ff.) vergegenwärtigen!

Die §§ 238 bis 263 HGB sind Rechnungslegungsvorschriften, die sich an
alle Kaufleute richten, egal ob dies Einzelunternehmen, Personengesellschaften oder Kapitalgesellschaften sind. Dort sind insbesondere Normen
der Buchführung und des Inventars, zur Eröffnungsbilanz und zum Jahresabschluss sowie zu Aufbewahrungs- und Vorlagevorschriften geregelt.

Ergänzende Spezialregelungen für Kapitalgesellschaften finden sich in
den §§ 264 bis 342a HGB. Sie umfassen insbesondere Fragen des Einzeljahresabschlusses von Kapitalgesellschaften, der Konzernrechnungslegung sowie der Offenlegung und Prüfung. Diese Spezialnormen ergänzen für Kapitalgesellschaften die Regelungen des ersten Teils.

Leitsatz 11

Zweistufiger Aufbau des Bilanzrechts
Wenn Sie einen Bilanzrechtsfall lösen wollen, müssen Sie somit wie
folgt vorgehen:

Zunächst prüfen Sie die allgemeinen Vorschriften in den §§ 238 bis
263 HGB, unabhängig davon, welche Rechtsform Ihr bilanzierendes
Unternehmen hat. Ist es eine Personengesellschaft oder ein Einzelunternehmen, sind Sie fertig.

Ist es hingegen eine Kapitalgesellschaft, prüfen Sie anschließend
(aber wirklich erst danach!) die ergänzenden Vorschriften in den
§§ 264 bis 342a HGB.

Seit der Schaffung des Dritten Buchs des HGB sind also die wichtigsten
gesetzlichen Bilanzrechtsnormen für alle Kaufleute in einem Gesetz zusammengefasst. Die folgenden Seiten geben Ihnen hierüber einen Überblick.

▉ Fall 29

Der Unternehmer X hat durch Lektion 3 festgestellt, dass er buchführungspflichtig ist, weil er sein Unternehmen in der Rechtsform einer
GmbH betreibt. Er erstellt aufgrund der Buchführung und des Inventars
einen Jahresabschluss, der aus Bilanz und GuV besteht.

Hat er damit seinen gesetzlichen Pflichten Genüge getan?

Leider nicht! § 242 Abs. 3 HGB regelt zwar, dass der Jahresabschluss aus
Bilanz und GuV besteht. Für Kapitalgesellschaften wird aber ergänzend
in § 264 Abs. 1 S. 1 HGB bestimmt, dass deren Jahresabschluss auch einen Anhang umfasst. Außerdem muss die GmbH des X einen Lagebericht gemäß § 289 HGB aufstellen (Ausnahme: Kleine Kapitalgesellschaften im Sinne von § 267 Abs. 1 HGB haben gemäß § 264 Abs. 1 S. 3
HGB ein Wahlrecht). Mit den Begriffen Anhang und Lagebericht kann X
wenig anfangen. Aber der Reihe nach.

2.1 Die Bilanz als zeitpunktbezogene Bestandsabbildung

Gemäß § 242 Abs. 1 S. 1 HGB ist im Rahmen des handelsrechtlichen Jahresabschlusses eine Bilanz aufzustellen. Sie ist eine Gegenüberstellung
von Vermögen und Kapital eines Unternehmens an einem Stichtag. Das
Vermögen stellt die Gesamtheit aller im Unternehmen eingesetzten Vermögensgegenstände dar. Man bezeichnet sie als Aktivposten oder Akti-
va, deren Gliederung grundsätzlich nach der Liquidität (der Dauer der
Geldwerdung) erfolgt. Das Vermögen besteht aus dem Anlage- und Umlaufvermögen. Das Anlagevermögen umfasst gemäß § 247 Abs. 2 HGB
Vermögensgegenstände, die bestimmt sind, dem Unternehmen längerfri-
stig zu dienen. Zum Umlaufvermögen gehören Vermögensgegenstände,
die gewöhnlich innerhalb kurzer Zeit umgesetzt werden oder in den Produktionsprozess eingehen.

▉ Fall 30

X hat in seinem Betriebsvermögen auch einen Computer.

Ist er im Anlage- oder im Umlaufvermögen auszuweisen?

Es kommt darauf an! Wenn X einen Computerhandel betreibt und den
PC verkaufen will, ist er dem Umlaufvermögen zuzuordnen. Will X ihn
aber in der Buchhaltung nutzen, ist er Teil des Anlagevermögens.

> Man sieht also einem Vermögensgegenstand nicht direkt an, ob er zum Anlage- oder Umlaufvermögen gehört. Es kommt auf den jeweiligen Funktionszusammenhang an. Merken Sie sich als Gedankenstütze: Anlagevermögen wird gebraucht; Umlaufvermögen wird verbraucht oder verkauft.

Das Kapital ist die Summe der durch die Unternehmenseigentümer zur Verfügung gestellten Mittel (Eigenkapital) und aller Schulden des Unternehmens (Fremdkapital). Das Kapital wird auf der Passivseite, gegliedert nach der Fristigkeit und Rechtsstellung des Kapitalgebers, ausgewiesen. Fremdkapital (Verbindlichkeiten, Rückstellungen und Rechnungsabgrenzungsposten) steht dem Unternehmen zeitlich begrenzt zur Verfügung; Eigenkapital kann grundsätzlich ohne zeitliche Begrenzung durch das Unternehmen genutzt werden.

Damit von den Kaufleuten einheitlich bilanziert wird, finden sich im HGB

▶ sowohl Ansatzvorschriften (§§ 246 bis 251, ergänzend §§ 268 bis 274 HGB),
▶ als auch Bewertungsvorschriften (§§ 252 bis 256, ergänzend §§ 279 bis 283 HGB),
▶ und Gliederungsvorschriften (§§ 246 und 247, ergänzend §§ 265 bis 267 und §§ 275 bis 277 HGB).

2.2 Die Gewinn- und Verlustrechnung als zeitraumbezogene Darstellung der Ertragslage

Aus der Bilanz ist zwar ersichtlich, ob in der abgelaufenen Periode ein Jahresüberschuss oder Jahresfehlbetrag entstanden ist; wie er entstanden ist, zeigt aber die Gewinn- und Verlustrechnung. Die GuV stellt sämtliche Aufwendungen und Erträge einer Periode einander gegenüber. Im Unterschied zur Bilanz werden keine Bestands-, sondern Strömungsgrößen (€/Jahr) dargestellt. Dadurch informiert die GuV nicht nur über die Höhe des Erfolgs, sondern stellt auch die Quellen seines Zustandekommens dar.

 **Fall 31**

X aus Fall 29 mosert: „Das ist mir ja alles schon aus den Lektionen 3 und 4 bekannt." Er pinselt recht elegant ein T-Konto auf ein Blatt Papier, trägt links den Aufwand und rechts den Ertrag ein. Sein Saldo ist der Jahresüberschuss.

Hat er diesmal seinen gesetzlichen Pflichten Genüge getan?

Wieder nicht! Die Pflicht zur Aufstellung der GuV ergibt sich aus § 242 Abs. 2 HGB. Dieser Pflicht ist er nachgekommen. Die GuV kann grundsätzlich in Konto- oder in Staffelform erstellt werden. X hat offensichtlich die Kontoform gewählt. Kapitalgesellschaften müssen aber die Staffelform anwenden (§ 275 Abs. 1 S. 1 HGB). Konto- und Staffelform unterscheiden sich hinsichtlich der Art der Präsentation der Aufwendungen und Erträge.

 Die einzelnen Aufwendungen und Erträge sowie die Höhe des ausgewiesenen Erfolgs (Jahresüberschuss oder Jahresfehlbetrag) sind bei beiden Verfahren identisch; unterschiedlich sind die Gliederungen.

Bei der GuV in Kontoform stehen sich, wie Sie wissen, Aufwendungen und Erträge in einem T-Konto gegenüber, wobei auf der Sollseite die Aufwendungen und auf der Habenseite die Erträge abgebildet werden. Übersteigt die Summe der Erträge die Summe der Aufwendungen, so ergibt sich der Jahresüberschuss als Saldo auf der Sollseite, ansonsten ein Jahresfehlbetrag auf der Habenseite. Die Untergliederung der Einzelposten ist nur insoweit gesetzlich kodifiziert, als sie dem Erfordernis der Klarheit und Übersichtlichkeit entsprechen muss (§ 243 Abs. 2 HGB).

§ 275 Abs. 1 S. 1 HGB schreibt aber für Kapitalgesellschaften die GuV in Staffelform zwingend vor. Von den Umsatzerlösen ausgehend, erreicht man über Zwischenstufen den Jahresüberschuss oder -fehlbetrag. Der Vorteil der Staffelform liegt für sachkundige Leser (leider nur für diese!) in der größeren Übersichtlichkeit aufgrund der vorhandenen Zwischensummen.

■■■ Fall 32
X weiß nicht von welchen Zwischensummen die Rede ist, und Sie?

Lesen Sie § 275 Abs. 1 bis 3 HGB. Bei Anwendung des Gesamtkostenverfahrens (Abs. 2) finden Sie sie in Nr. 14; bei Anwendung des Umsatzkostenverfahrens (Abs. 3) sollten Sie die Nummern 3 und 13 markieren. Durch die Zwischensummen in den Nummern 13 und 14 wird jeweils das Ergebnis der gewöhnlichen Geschäftstätigkeit vom außerordentlichen Ergebnis (außerordentliche, i.d.R. singuläre Ereignisse) getrennt.

2.3 Ergänzungen nach §§ 264 ff. HGB für Kapitalgesellschaften

Die folgenden Absätze machen deutlich, welche ergänzenden Regelungen extra für Kapitalgesellschaften geschaffen wurden und werden. Ziel dieser Regelungen ist es, die Informationslage für externe Adressaten zu erhöhen und zu objektivieren, um damit den Finanzmarkt transparenter zu machen.

2.3.1 Der Anhang als Teil des Einzelabschlusses

■■■ Fall 33
X hat die Bilanz und GuV seiner GmbH endlich fertig gestellt. Er ist insbesondere darüber zufrieden, dass die GmbH ihm ein fürstliches Geschäftsführergehalt gezahlt hat und er dieses wunderbar im Personalaufwand, der in der GuV ausgewiesen ist, verstecken konnte. Ebenso clever war es, das Betriebsgebäude an seine Frau zu verkaufen und dann von ihr zu mieten (Laufzeit 25 Jahre).

Ist sein Vorgehen rechtlich zu beanstanden?

Grundsätzlich nicht. Die GmbH kann als eigenständiges Rechtssubjekt schuldrechtliche Verträge mit ihrem Gesellschafter und seiner Frau abschließen. Sofern die Höhe des Gehalts oder der Mietzahlungen unangemessen ist, wird sich der Fiskus dafür interessieren; dies ist aber ein anderes Themengebiet. Natürlich würden Externe gern über die beiden Sachverhalte in Fall 33 Informationen erhalten. Daher sieht der Gesetzgeber vor, dass Kapitalgesellschaften gemäß § 264 Abs. 1 S. 1 HGB ihren Jahresabschluss um einen Anhang zu erweitern haben. Dieser soll die einzelnen Positionen der Bilanz und der GuV verbal erläutern, entlasten

und ergänzen. Durch die Bereitstellung zusätzlicher Informationen wird die Interpretationsfähigkeit des Jahresabschlusses erhöht.

▶ Die Erläuterungsfunktion wird erfüllt, indem bestimmte Angaben zu Posten der Bilanz und der GuV im Anhang aufgeführt sind, wie etwa die Darstellung der Ausübung von Wahlrechten, der angewandten Bewertungsmethoden und der Abweichung vom Jahresabschluss des Vorjahres (§ 284 HGB).

▶ Außerdem ist die Entlastungsfunktion des Anhangs zu nennen, da Wahlrechte existieren, Angaben, die in der Bilanz und/oder der GuV zu tätigen wären, in den Anhang zu übernehmen; etwa die Aufgliederung der Fristigkeit von Verbindlichkeiten, die nach § 285 Nr. 2 HGB in der Bilanz oder im Anhang erfolgen kann.

▶ Die Ergänzungsfunktion wird erfüllt, indem der Anhang Angaben enthält, die über die Informationen von Bilanz und GuV hinausgehen, wie etwa Angaben über die Geschäftsführerbezüge nach § 285 Nr. 9 HGB und gemäß § 285 Nr. 3 HGB über wesentliche sonstige finanzielle Verpflichtungen, die aus der Bilanz und GuV nicht ersichtlich sind.

Der Anhang muss übrigens zwar dem Grundsatz der Klarheit und Übersichtlichkeit gemäß § 243 Abs. 2 HGB genügen; seine konkrete Struktur und Gestaltung bleibt dem Bilanzierenden in diesem Rahmen jedoch weitgehend selbst überlassen.

Weiter mit Fall 33: Damit wird X sich noch der Mühe unterziehen müssen, für die X-GmbH einen Anhang zu erstellen. Er hat außerdem zu prüfen, ob dieser auch die Informationen über beide in Fall 33 dargestellte Sachverhalte enthalten muss. „Nein!" protestiert X. „Es mag ja angehen, dass die Aktionäre einer AG wissen wollen, wie hoch das Gehalt des Vorstands und des Aufsichtsrats ihrer Gesellschaft ist. Ich habe aber wirklich keine Lust darauf, dass alle Welt meine persönlichen Bezüge erfährt!"

Da hat er ja auch Recht. Deshalb gestattet § 286 HGB, bestimmte Angaben, die sich aus §§ 284 und 285 HGB ergeben, zu unterlassen. Und hierunter fällt nach § 286 Abs. 4 HGB auch sein Gehalt.

Noch immer weiter mit Fall 33: „Ganz prima!" strahlt X. „Und die finanziellen Folgen aus dem Deal mit meiner Frau lassen wir auch unter den
Tisch fallen, weil sie durch § 288 S. 1 HGB ausgenommen sind!".

Wenn es sich um eine kleine Kapitalgesellschaft im Sinne der Definition
des § 267 Abs. 1 HGB handelt, hat er wieder Recht, sonst nicht.

2.3.2 Der Lagebericht als Ergänzung des Einzelabschlusses

▬ Fall 34

Nachdem X nun endlich seine Bilanz, GuV und den Anhang erstellt hat,
sinkt er erschöpft im Chefsessel zusammen. Plötzlich bricht ihm der kal-
te Schweiß aus. Er kreischt: „Zum Jahresabschluss einer Kapitalgesellschaft gehört ja auch noch ein Lagebericht!"

Stimmt das?

Nein! Der von Kapitalgesellschaften gemäß § 264 Abs. 1 S. 1 HGB zu er-
stellende Lagebericht ist kein Bestandteil des Jahresabschlusses, sondern
tritt ergänzend hinzu. Das ändert aber nichts daran, dass er dennoch erstellt werden muss; es sei denn, dass die X-GmbH eine kleine Kapitalgesellschaft im Sinne von § 267 Abs. 1 HGB ist (§ 264 Abs. 1 S. 3 HGB).

Weiter mit Fall 34: X setzt sich an den Lagebericht. Er möchte dort die
Öffentlichkeit über die hübsche neue Betriebskegelbahn, über seine Er-
folge bei der Versöhnung von Ökonomie und Ökologie sowie den tollen
Stand bei der Entwicklung eines neuen Produkts informieren.

Ist der Lagebericht hierfür das richtige Medium?

Zum einen ist der Lagebericht gemäß § 289 Abs. 1 S. 1 HGB ein vergan-
genheitsbezogener Bericht, zum anderen wird durch § 289 Abs. 1 S. 4
HGB eine zukunftsbezogene Darstellung gefordert. Da § 289 Abs. 2 HGB
mit den Worten „.... soll auch eingehen auf ..." beginnt, lässt er der Kapitalgesellschaft den Freiraum, die Öffentlichkeit auch über Sachverhalte
zu informieren, die im Jahresabschluss selbst nichts zu suchen haben, für
sie aber trotzdem bedeutend sind. Und wenn für X dazu auch die hübsche neue Betriebskegelbahn sowie seine Erfolge bei der Versöhnung von
Ökonomie und Ökologie gehören, darf er darüber berichten. Ebenfalls von
Bedeutung ist der zweite Halbsatz in § 289 Abs. 1 S. 4 HGB. Mit der

Pflicht, im Lagebericht auch auf die Risiken der künftigen Entwicklung einzugehen (Risikobericht), werden die großen und mittelgroßen Kapitalgesellschaften zumindest indirekt verpflichtet, ein Risikomanagement zu installieren und zu pflegen; vgl. auch § 289 Abs. 2 Nr. 2 HGB.

! Leitsatz 12

Bestandteile des Jahresabschlusses
Grundsätzlich besteht der Einzeljahresabschluss gemäß § 242 Abs. 3 HGB aus einer Bilanz (§ 242 Abs. 1 S. 1 HGB) und einer GuV (§ 242 Abs. 2 HGB).

Bei Kapitalgesellschaften wird er gemäß § 264 Abs. 1 S. 1 HGB um einen Anhang (§§ 284 – 288 HGB) erweitert sowie durch den Lagebericht (§ 289 HGB, Ausnahme § 264 Abs. 1 S. 3 HGB) ergänzt. Anders als der Anhang gehört der Lagebericht jedoch nicht zum Jahresabschluss, sondern steht ergänzend neben diesem.

2.3.3 Prüfung, Offenlegung und Konzernrechnungslegung

▶ Die Prüfungspflicht

Kapitalgeber von Kapitalgesellschaften haben oftmals nur einen geringen Einfluss auf die Unternehmensführung und besitzen auch nur eingeschränkte Kontrollmöglichkeiten. Umso größer ist das Interesse von Eigenkapital- und Fremdkapitalgebern an einer ordnungsmäßigen Rechnungslegung. Aufgrund dieses Schutzbedürfnisses vor Fehlinformationen sehen die §§ 316 bis 324 HGB eine Pflichtprüfung des Jahresabschlusses von mittelgroßen und großen Kapitalgesellschaften vor. Der Abschlussprüfung unterliegen nach § 316 Abs. 1 S. 1 HGB der Jahresabschluss und der Lagebericht und gemäß § 317 Abs. 1 S. 1 HGB auch die Buchführung.

Handelsrechtliche Jahresabschlussprüfungen dürfen nur von Wirtschaftsprüfern oder Wirtschaftsprüfungsgesellschaften durchgeführt werden. Lediglich die mittelgroße GmbH darf auch durch vereidigte Buchprüfer geprüft werden (§ 319 Abs. 1 HGB i. V. m. § 267 Abs. 2 HGB).

Handelsrechtliche Jahresabschlüsse großer und mittelgroßer Kapitalgesellschaften werden von Wirtschaftsprüfern geprüft. Bitte nicht mit Betriebsprüfern (Beamte der Finanzämter) verwechseln!

Ergebnis der Prüfung ist der Prüfungsbericht mit dem Bestätigungsvermerk. Der Bestätigungsvermerk (Testat) ist die Zusammenfassung des Prüfungsergebnisses im Sinne eines Gesamturteils. Er kann uneingeschränkt oder eingeschränkt erteilt werden. Weist der Jahresabschluss erhebliche Mängel auf, so wird der Bestätigungsvermerk versagt.

▶ Die Offenlegungspflicht

Rechenschaft durch Rechnungslegung macht nur Sinn, wenn die Jahresabschlussadressaten die Informationen zur Kenntnis nehmen können. Um dies sicherzustellen, unterliegt der Jahresabschluss von Kapitalgesellschaften gemäß §§ 325 bis 329 HGB der Pflicht zur Offenlegung.

Um dem Schutzinteresse kleinerer offenlegungspflichtiger Gesellschaften gegenüber mächtigeren Marktteilnehmern nachzukommen, sieht das HGB größenabhängig abgestufte Offenlegungserleichterungen vor (bitte nochmals die Größenklassen in § 267 HGB nachschlagen). Kleine Kapitalgesellschaften dürfen z.B. auf die Veröffentlichung der GuV (nicht aber auf deren Erstellung) verzichten (§ 326 HGB). Da sie gem. § 264 Abs. 1 S. 3 HGB keinen Lagebericht aufstellen müssen, brauchen sie auch keinen zu veröffentlichen. Außerdem brauchen sowohl kleine als auch mittelgroße Kapitalgesellschaften im Bundesanzeiger lediglich bekannt zu machen, bei welchem Handelsregister die Unterlagen eingereicht wurden (§ 325 Abs. 1 HGB).

Große Kapitalgesellschaften hingegen müssen gemäß § 325 Abs. 1 HGB i.V.m. Abs. 2 HGB alle Unterlagen (Jahresabschluss, Lagebericht, Bericht des Aufsichtsrates und den Bestätigungsvermerk des Abschlussprüfers) beim Handelsregister einreichen, das das Amtsgericht führt, an dessen Ort sich der Sitz der Gesellschaft befindet. Außerdem sind die Unterlagen im Bundesanzeiger bekannt zu machen.

▶ Ausweitung durch die GmbH & Co.-Richtlinie

■■■ Fall 35

Das mit den ergänzenden Bilanzierungsvorschriften und vor allem die Prüfungs-, Offenlegungs- und Konzernrechnungslegungsvorschriften für Kapitalgesellschaften findet X grässlich. Nicht nur, dass er nicht alle Welt in seinen Unterlagen schnüffeln lassen will, es kostet ja auch noch eine Stange Geld. Daher überlegt er, ob er seine GmbH nicht einfach in eine GmbH & Co. KG umwandeln sollte. Die wäre dann eine Personengesellschaft und würde nur unter die einfachen Vorschriften der §§ 238 bis 263 HGB fallen. Damit ließen sich Prüfungs-, Offenlegungs- und Konzernrechnungslegungsvorschriften wunderbar umgehen. Hat er Recht?

Nette Idee! Dagegen steht aber die GmbH & Co.-Richtlinie des Rates der Europäischen Union. Ihre Umsetzung erfolgte in Deutschland durch das Kapitalgesellschaften und Co.-Richtlinie-Gesetz (KapCoRiLiG). Gemäß § 264a HGB haben nunmehr auch Personengesellschaften, bei denen nicht mindestens eine natürliche Person persönlich haftender Gesellschafter ist (also vor allem die GmbH & Co. KG), die Vorschriften der Kapitalgesellschaften über Bilanzierung, Konzernrechnungslegung, Offenlegung und Prüfung anzuwenden (Ausnahmen in §§ 264b und 264c HGB). Ziel dieser Regelung ist ihre Gleichstellung mit richtigen Kapitalgesellschaften. „Schade auch" wird sich X denken.

▶ Pflicht zur Konzernrechnungslegung

In Lektion 2 haben Sie den Begriff Konzernabschluss bereits kennen gelernt. Der Einzeljahresabschluss eines Unternehmens kann für den Informationsempfänger erheblich an Aussagekraft verlieren, wenn miteinander verbundene Unternehmen beim Leistungsaustausch über entsprechende Gestaltungen der Verrechnungspreise Erfolgs- und Vermögensverlagerungen vornehmen. Dies ist insbesondere bei Konzernen der Fall.

■■■ Fall 36

Die Y-GmbH und die Z-AG sind Konzerntöchter der X-AG. Die Y-GmbH verkauft Waren an die Z-AG für 200, obwohl zwischen fremden Dritten ein Preis von 100 angemessen wäre. Zugleich gewährt die Z-AG der Y-GmbH ein Darlehen zu 3 % Zinsen, obwohl 8 % angemessen wären. Denken Sie bitte über die Auswirkungen auf die Informationsfunktion nach!

Durch diese Gestaltungen der schuldrechtlichen Beziehungen gelingt es, dass die Y-GmbH mehr Gewinn ausweist, als eigentlich angemessen wäre, und die Z-AG entsprechend weniger. Somit wird die Informationsfunktion beider Einzeljahresabschlüsse eingeschränkt. Daher erscheint es im Hinblick auf die Informationsfunktion sinnvoll, dass Konzerne einen konsolidierten (zusammengefassten) Jahresabschluss der Konzernmutter erstellen, der auch die Töchter in den Konsolidierungskreis mit einbezieht und die gesellschaftsrechtlich veranlassten Erfolgs- und Vermögensverschiebungen eliminiert.

Der Grundgedanke bei der Erstellung des Konzernabschlusses ist die Einheitstheorie, nach der der Jahresabschluss so aufgestellt werden muss, als ob die einbezogenen Unternehmen ein einziges Unternehmen wären (§ 297 Abs. 3 S. 1 HGB). Er fasst die Einzelbilanzen und EinzelGuV der zu einem Konzern gehörigen Unternehmen zusammen und eliminiert die Geschäftsbeziehungen, die zwischen den Konzernunternehmen bestehen. Lediglich die Beziehungen zur „restlichen" Umwelt werden ausgewiesen. Gemäß § 297 Abs. 1 HGB besteht der Konzernabschluss aus der Konzernbilanz, der Konzern-GuV und dem Konzern-Anhang (er enthält bei börsennotierten Konzernen auch eine Kapitalflussrechnung und eine Segmentberichterstattung); zusätzlich ist noch ein Konzernlagebericht zu erstellen.

Für Fall 36 bedeutet dies, dass zunächst die einzelnen Bilanzen und GuV schlicht addiert werden. Da dann in der gemeinsamen Bilanz z. B. durch das Darlehen eine Forderung und eine Verbindlichkeit in gleicher Höhe bestehen, werden diese aus der konsolidierten Bilanz gestrichen. In der konsolidierten GuV werden analog der Zinsaufwand (von Y übernommen) und der Zinsertrag (von Z übernommen) eliminiert. Bei dem innerkonzernlichen Warengeschäft erfolgt die Konsolidierung auf entsprechende Weise.

Der Vorstand bzw. die Geschäftsführer der Konzernmutter sind gemäß § 290 Abs. 1 HGB zur Aufstellung eines Konzernabschlusses (Bilanz, GuV und Anhang nach § 297 Abs. 1 S. 1 HGB) und eines Konzernlageberichts verpflichtet, sofern die Mutter eine Kapitalgesellschaft mit Sitz in Deutschland ist und eine der drei Voraussetzungen des § 290 Abs. 2 Nrn. 1 bis 3 HGB erfüllt. Wie die Bestandteile des Konzernabschlusses und des Konzernlageberichts zu gestalten sind, regeln die §§ 297 bis 315 HGB. Diese Vorschriften sollten Sie aber in unserem Einführungsbuch nicht belasten.

▇▇ Fall 37

X fragt sich, ob eine deutsche Konzernmutter, die selbst Teil (z. B. Tochter oder Enkeltochter) eines ausländischen Konzerns ist, nicht schon in dessen Konzernabschluss integriert ist.

Falls ja, würde das ja doppelte Arbeit bedeuten, oder?

Wenn der ausländische Konzern einen vergleichbaren Konzernabschluss und Konzernlagebericht erstellt und das deutsche Unternehmen (mit seinen Töchtern, Enkeltöchtern usw.) dort konsolidiert wurde, wäre es fürwahr eine doppelte Arbeit. Daher enthält § 291 HGB eine Befreiung der deutschen Mutter von der Pflicht zur Konzernrechnungslegung, aber nur, wenn sie in einen EU- oder EWR-Konzernabschluss integriert wurde, dieser geprüft und in deutscher Sprache offen gelegt wurde. § 292 HGB enthält eine Ermächtigung, dass der Justizminister diese befreiende Wirkung per Rechtsverordnung auch auf Konzernabschlüsse aus Staaten, die nicht der EU oder dem EWR angehören, ausweiten kann. Die Verordnung wurde zwar umgesetzt, findet aber in der Praxis wenig Anwendung.

▇▇ Fall 38

„Das kann doch nicht wahr sein!" pöbelt X schon wieder. „Wenn meine mittelgroße GmbH sich an irgendeiner noch so kleinen anderen GmbH mehrheitlich beteiligt, muss ich wegen § 290 Abs. 2 HGB auch noch einen Konzernabschluss und Konzernlagebericht erstellen."

Tatsächlich will der Gesetzgeber nicht mit Kanonen auf Spatzen schießen und hat daher in § 293 Abs. 1 und 4 HGB eine größenabhängige Befreiung kodifiziert. Solche Minikonzerne sind nur dann zur Konzernrechnungslegung verpflichtet, wenn sie an der Börse notiert sind oder die Notierung beantragt haben (§ 293 Abs. 5 HGB).

Dafür verlangt die EU aber (vgl. § 315a HGB), dass börsennotierte Konzerne (Abs. 1) und solche, die die Zulassung beantragt haben (Abs. 2), ihren Konzernabschluß nach den IFRS zu erstellen haben.

▇▇ Fall 39

Die deutsche Z-AG möchte an der New Yorker Börse (New York Stock Exchange – NYSE) gelistet werden. Die dortige Börsenaufsichtsbehörde (Securities Exchange Commission – SEC) gestattet dies aber nur, wenn der Konzern einen Konzernabschluss nach den US-amerikanischen Rechnungslegungsvorschriften, den US-GAAP (United States-Generally Accepted Accounting Principles), aufstellt. Der Konzernvorstand hat aber keine Lust, einen nach IFRS und einen zweiten nach US-GAAP zu erstellen, prüfen und offen legen zu lassen. Das kostet Zeit und Geld.

Muss er?

Aus diesem Grund gestattet § 292a HGB i.V.m. Art. 58 Abs. 5 und 6 EG-HGB für die Konzernabschlüsse börsennotierter Konzerne, die nach den US-GAAP bilanzieren, eine Übergangsfrist bis zum 1.1.2007 für die Umstellung auf IFRS.

3 Die Globalisierung des deutschen Bilanzrechts

Es ist wenig verwunderlich, wenn in Zeiten der Globalisierung der Wirtschaft auch die Internationalisierung der Rechnungslegung auf der Tagesordnung steht. Nur weltweit vergleichbare Jahresabschlüsse ermöglichen den Informationsempfängern eine optimale Kapitalallokation. Die US-GAAP setzen dabei den Standard. Da sie – anders als die deutschen GoB – eher investororientiert und weniger dem Gläubigerschutz verbunden sind, sind sie nach herrschender Meinung für die Anteilseigner besser als Informationsinstrument geeignet. Die Unterschiede zwischen deutscher und US-amerikanischer Rechnungslegung lassen sich insbesondere durch die unterschiedlichen Eigenkapitalstrukturen bzw. Finanzierungskulturen erklären. Den Kapitalmärkten kommt in den USA und Großbritannien zur Zeit eine wesentlich größere Bedeutung für die Unternehmensfinanzierung zu als etwa in Deutschland, wo die interne Finanzierung (über Pensionsrückstellungen) und vor allem die Kreditfinanzierung (noch immer durch die Hausbanken) präferiert wird und, aufgrund des hohen Anteils der Fremdfinanzierung, der Gläubigerschutz bei der Rechnungslegung eine große Bedeutung hat. Durch die Globalisierung der Märkte steigt aber der Druck, ein international einheitliches Rechnungslegungssystem zu schaffen.

▬▬ Fall 40

Der Finanzvorstand der Z-AG (Fall 39) hat eine geniale Idee. „Wenn man weltweit Rechnungslegungsexperten zusammenführen (etwa als Verein) und sie beauftragen würde, internationale Rechnungslegungsstandards zu erfinden, die von allen Staaten und Börsenaufsichten akzeptiert werden, würde dies doch einiges erleichtern.

Was spricht dagegen?"

Auf den ersten Blick nichts! Deshalb gibt es das International Accounting Standards Board (IASB). Fachleute aus der ganzen Welt haben eine privatrechtliche Stiftung gegründet, deren Ziel die Entwicklung von international akzeptierten Rechnungslegungsstandards ist. Diese International Accounting Standards (IAS) sind zwischen den kontinental-europäischen und den angloamerikanischen Rechnungslegungsgrundsätzen angesiedelt. Es ist jedoch erkennbar, dass die IAS eher aus der Grundlage der anglo-amerikanischen Bilanzierungsphilosophie (in Anlehnung an die US-GAAP) als aus der deutschen Bilanzrechtstradition abgeleitet werden. Eine profane Ursache dafür ist darin zu sehen, dass im entscheidenden Gremium die Vertreter der anglo-amerikanisch geprägten Berufsstände stets eine komfortable Mehrheit hatten. Im Jahr 2001 wurden die IAS aufgrund von Strukturänderungen in International Financial Reporting Standards (IFRS) umbenannt. Dies führt in der Literatur zu der etwas gewöhnungsbedürftigen Abkürzung IAS/IFRS.

Seit 2005 soll in der Europäischen Union der Konzernabschluss von börsennotierten Kapitalgesellschaften zwingend nach den IAS/IFRS aufgestellt werden. Für Interessierte sei an dieser Stelle der dezente Hinweis auf den Band „IFRS – *leicht gemacht*" gestattet.

Es ist außerdem absehbar, dass die bislang kritische US-Börsenaufsichtsbehörde (SEC) Jahresabschlüsse auf Basis einer IAS/IFRS-Rechnungslegung anerkennen wird. Somit wäre eine weltweite Akzeptanz der IAS/IFRS für die Konzernabschlüsse börsennotierter Kapitalgesellschaften möglich. Zwischenschritte auf diesem Weg erkennt man auch in § 297 Abs. 1 S. 2 HGB (für börsennotierte Mütter sind, wie auch nach IAS/IFRS, eine Segmentberichterstattung und eine Kapitalflussrechnung Pflichtbestandteil des Konzernanhangs) und § 342 HGB. Mit dem KonTraG (Gesetz zur Kontrolle und Transparenz im Unternehmensbereich von 1998) wurde in § 342 HGB die Möglichkeit geschaffen, einem privaten (!) Rechnungslegungsgremium Aufgaben zu übertragen, die bislang dem Gesetzgeber vorbehalten waren. Die Aufgaben dieses Vereins, des Deutschen Standardisierungsrats (DSR), ergeben sich aus § 342 Abs. 1 S. 1 Nrn. 1 bis 3 HGB. Interessierte Leser sollten unbedingt einen Blick in sein Diskussionsforum werfen (www.drsc.de). Damit vollzieht sich in Deutschland aufgrund der Globalisierung nicht nur ein Wandel der Inhalte von Rechnungslegungsnormen, sondern auch ein Wandel bei der Normsetzung.

Welche Auswirkungen diese Entwicklungen (über eine spätere Ausweitung der IAS/IFRS) auf alle Konzernabschlüsse, auf die handelsrechtlichen Einzeljahresabschlüsse oder sogar auf die Steuerbilanzen haben werden, muss die Zukunft zeigen. Interessant ist die Frage, welche Folgen die Umstellung des Bilanzrechts von HGB auf IAS/IFRS hätte. In der Praxis hört man öfter, dass der Gewinn in den IAS/IFRS-Abschlüssen höher sei als nach HGB. Richtig ist, dass die Jahresüberschüsse nach IAS/IFRS, wie auch nach US-GAAP, tendenziell früher ausgewiesen werden als nach HGB. In der Totalperiode gleichen sich die Unterschiede jedoch aus, da beide Modelle an den Zahlungsströmen anknüpfen und die Zahlungen in der Realität identisch sind. Als Beispiele, die zu einem früheren Gewinnausweis in den IAS/IFRS-Abschlüssen führen, seien hier genannt:

▶ Die Wertobergrenze (Anschaffungs- oder Herstellungskosten) wird nach IAS/IFRS zum Teil durchbrochen, da das Realisationsprinzip weiter interpretiert wird als nach HGB.
▶ Dies gilt insbesondere für die langfristige Fertigung und den Tageswertansatz bei Wertpapieren des Umlaufvermögens.
▶ Selbsterstellte immaterielle Anlagewerte dürfen in IAS/IFRS-Bilanzen unter bestimmten Umständen aktiviert werden.
▶ Für den derivativen Geschäftswert existiert eine Aktivierungspflicht. Gleiches gilt für ein Disagio.
▶ Herstellungskosten sind zu Vollkosten zu bewerten.
▶ Die Nutzungsdauer bei planmäßigen Abschreibungen wird i. d. R. länger geschätzt als nach den AfA-Tabellen.
▶ Aufwandsrückstellungen sind nach den IAS/IFRS verboten.

Diese Beispiele sagen Ihnen nichts?

Das wird sich hoffentlich durch die nächsten Lektionen ändern.

Lektion 6
Informationen über die Vermögens- und Ertragslage

1 Die GoB und der *true and fair view*

Gemäß § 243 Abs. 1 HGB ist der Jahresabschluss nach den Grundsätzen ordnungsmäßiger Buchführung (GoB) aufzustellen. Die GoB sind die Grundprinzipien, nach denen sich der Ansatz und die Bewertung im Jahresabschluss richtet. Nicht alle GoB sind im HGB kodifiziert, da eine vollständige rechtliche Fixierung (und damit starre GoB) in einer sich ständig wandelnden und komplexen Realität als unzweckmäßig angesehen wird. Vielmehr existiert eine Reihe von Entscheidungshilfen, um die GoB abzuleiten: das Handelsgesetzbuch selbst, die Rechtsprechung des BFH, selten des EuGH und des BGH, die Erkenntnisse der Rechts- und Wirtschaftswissenschaften, Äußerungen des Instituts der Wirtschaftsprüfer (IdW) sowie die Bilanzierungspraxis ordentlicher Kaufleute. Zu den wichtigsten GoB, die im Handelsgesetzbuch kodifiziert sind, zählen insbesondere:

▶ Die zentralen Bewertungsgrundsätze:

Das Vorsichtsprinzip, in seinen Ausprägungen als Realisations-, Imparitäts- und Wertaufhellungsprinzip (§ 252 Abs. 1 Nr. 4 HGB).

▶ Die zentralen Ansatzgrundsätze:

Der Vollständigkeitsgrundsatz und der Grundsatz der wirtschaftlichen Betrachtungsweise (§ 246 Abs. 1 Sätze 1 und 2 HGB).

2 Realisations-, Imparitäts- und Wertaufhellungsprinzip als zentrale Bewertungs-GoB

Sie haben bereits in Lektion 2 gelernt, dass eine zentrale Aufgabe des Jahresabschlusses darin besteht, Informationen über die Lage des Unternehmens und das betriebliche Geschehen zur Verfügung zu stellen. Was der Gesetzgeber hierunter versteht, wird in § 264 Abs. 2 S. 1 HGB konkretisiert. Diese Norm gilt aufgrund ihrer Stellung im ergänzenden Teil des Dritten Buchs des HGB zwar formal nur für Kapitalgesellschaften, lässt sich aber dem Sinn nach auch auf die übrigen Kaufleute übertragen.

> Der Jahresabschluss hat gemäß § 264 Abs. 2 S. 1 HGB unter Beachtung der GoB ein den tatsächlichen Verhältnissen entsprechendes Bild der Vermögens-, Ertrags- und Finanzlage des Unternehmens zu vermitteln (der **true and fair view**).

Geht man davon aus, dass die Positionen der Aktivseite zu künftigen Einzahlungen und die Positionen der Passivseite – insbesondere das Fremdkapital – zu künftigen Auszahlungen führen, so lassen sich aus deren Höhe, Fälligkeit und Relationen (allerdings geringe) Erkenntnisse über die Finanzlage gewinnen. Besser wäre ein Finanzplan. Der gehört aber, wie Sie wissen, zum internen Rechnungswesen. Bei Kapitalgesellschaften finden sich immerhin zur Finanzlage ergänzende Informationen im Anhang. Börsennotierte Kapitalgesellschaften müssen außerdem, wie Sie gerade gelernt haben, auch eine so genannte Kapitalflussrechnung erstellen, die den Einblick in die Finanzlage des Unternehmens verbessern soll.

▄▄ Fall 41

Die X-GmbH kauft im Jahr 01 ein Grundstück für 1 Mio. €, um es in 03 zu veräußern. Der Marktwert des Vermögensgegenstands steigt zum 31.12.02 auf 1,2 Mio. €. § 264 Abs. 2 S. 1 HGB fordert nun, dass die Vermögens- und Ertragslage der Kapitalgesellschaft richtig dargestellt wird. Ist das Grundstück in der Bilanz zum 31.12.02 mit 1 Mio. € oder mit 1,2 Mio. € auszuweisen?

Vermögen ist die Fähigkeit künftigen Konsums. Wenn man die Vermögenslage zum 31.12.02 richtig ausweisen wollte, müsste das Grundstück mit 1,2 Mio. € bewertet werden. Dies würde aber bedeuten, dass das Eigenkapital um 200.000 € gestiegen ist. Somit wäre ein am Markt nicht realisierter Gewinn und daher die Ertragslage falsch ausgewiesen. Wenn man die Ertragslage richtig darstellen wollte, müsste das Grundstück hingegen mit 1 Mio. € bewertet werden, da ohne Verkauf auch kein Gewinn realisiert ist (Sie erinnern sich doch an den trivialen Hinweis auf Seite 16). Dann wäre aber die Vermögenslage falsch dargestellt.

In Fall 41 ist es also nicht möglich, gleichzeitig (!) den beiden vom Gesetzgeber genannten Informationszielen – Darstellung der Vermögens- und Ertragslage – gerecht zu werden. Durch das so genannte Realisationsprinzip wird dem periodengerechten Gewinnausweis (richtige Er-

tragslage) der Vorrang vor dem aktuell richtigen Vermögensausweis eingeräumt. Das Grundstück darf also niemals mit einem höheren Wert als
den Anschaffungs- oder Herstellungskosten bewertet werden (lesen Sie
§ 252 Abs. 1 Nr. 4 2. Halbsatz HGB und § 253 Abs. 1 S. 1 HGB).

▬▬ Fall 42

Die X-GmbH kauft im Jahr 01 ein Grundstück für 1 Mio. €, um es in 03
zu veräußern. Der Marktwert des Vermögensgegenstands sinkt zum
31.12.02 auf 800.000 €.

Ist das Grundstück mit 1 Mio. oder mit 800.000 € auszuweisen?

Wieder befindet sich der Bilanzierende in einer Zwickmühle. Der aktuelle Marktwert des Vermögens ist tatsächlich gesunken. Ein Verlust ist aber
noch nicht am Markt realisiert. Ob er überhaupt je eintritt, hängt vom
späteren Verkaufspreis ab. Diesmal fordert das so genannte Imparitätsprinzip aber die Durchbrechung des Realisationsprinzips. Drohende (also noch nicht realisierte) Verluste sind zu antizipieren (§ 252 Abs. 1 Nr.
4 1. Halbsatz HGB). Das Grundstück wird auf den Wert von 800.000 €
abgeschrieben. Damit ist die Vermögenslage richtig dargestellt. Zugleich
sinkt das Eigenkapital um 200.000 €, denn der Jahresüberschuss verringert sich, obwohl tatsächlich keine Marktrealisation vorliegt. Wird dann
das Grundstück in 03 für 800.000 € veräußert, erfolgt ein reiner Aktivtausch (Bankguthaben gegen Grundstück), obwohl dann tatsächlich am
Markt ein Verlust realisiert wurde. Der Verlust der Periode 03 wurde somit in 02 antizipiert (lat. anticipare = vorwegnehmen).

Aus Fall 41 und Fall 42 wird deutlich, dass der in der deutschen Rechnungslegung zentrale GoB das Vorsichtsprinzip ist, mit dem eine zu op-
timistische Einschätzung der Geschäftslage verhindert werden soll.

▬▬ Fall 43

Die X-GmbH hat ein mit einer Lagerhalle und einer Werkhalle bebautes
Grundstück in ihrem Betriebsvermögen. Zum Jahreswechsel fallen beide
Gebäude den Folgen der Silvesterfeierlichkeiten zum Opfer. Erst nach
sechs Wochen konnte rekonstruiert werden, dass die Lagerhalle bereits
am 31.12. von alkoholisierten Rentnern angezündet und die Werkhalle
am 1.1. durch eine verirrte Rakete getroffen wurde.

Muss die X-GmbH die beiden Gebäude in der Bilanz zum 31.12. auf den beizulegenden Wert (jeweils 0 €) abschreiben?

Man muss hier zwischen wertaufhellenden und wertbeeinflussenden Tatsachen unterscheiden. Die Bilanz ist ein zeitpunktbezogenes Modell. Es soll die Lage des Unternehmens am Abschlussstichtag darstellen. Am 31.12. um 24⁰⁰ Uhr war die Lagerhalle bereits abgebrannt, auch wenn die X-GmbH dies zu diesem Zeitpunkt noch nicht wusste. § 252 Abs. 1 Nr. 4 S. 1 HGB (Wertaufhellungsprinzip) weist explizit darauf hin, dass dieser Sachverhalt durch die Abschreibung zu berücksichtigen ist. Anders ist es bei der Werkhalle. Sie hat am Abschlussstichtag noch existiert. Daher ist auch für das alte Geschäftsjahr keine Abschreibung vorzunehmen. Allerdings wird die X-GmbH gemäß § 289 Abs. 2 Nr. 1 HGB (Nachtragsbericht) im Lagebericht auf den Vorfall hinweisen.

! Leitsatz 13

Vorsichts-, Realisations- und Imparitätsprinzip
Das **Vorsichtsprinzip** (§ 252 Abs. 1 Nr. 4 1. Halbsatz HGB) wird durch das Realisations- und das Imparitätsprinzip konkretisiert.

Das **Realisationsprinzip** (§ 252 Abs. 1 Nr. 4 2. Halbsatz HGB) besagt, dass Gewinne erst zu berücksichtigen sind, wenn sie realisiert wurden. Die Erfolgswirksamkeit setzt also einen Umsatzakt voraus (Ertrag), dem dann die zugehörigen Ausgaben (als Aufwand) zugeordnet werden.

Das **Imparitätsprinzip** (§ 252 Abs. 1 Nr. 4 1. Halbsatz HGB) besagt, dass noch nicht am Markt realisierte Verluste und Risiken bereits zum Bilanzstichtag berücksichtigt werden müssen, wenn sie absehbar sind. Sie sind also zu antizipieren.

Die kombinierte Anwendung des Realisations- und des Imparitätsprinzips führt zu einer vorsichtigen Erfolgsermittlung. Das in der Handelsbilanz ausgewiesene Eigenkapital stellt somit eine vorsichtig ermittelte Untergrenze des Ertragswerts des Unternehmens dar.

Mit Fall 41 und Fall 42 haben Sie die beiden grundlegenden Bewertungsmaßstäbe der deutschen Rechnungslegung kennen gelernt.

Haben Sie das alles verstanden?

Wenn ja, ist Ihnen der folgende Leitsatz völlig klar und Sie können Fall 44 und Fall 46 leicht lösen. Wenn nicht, lesen Sie bitte die letzten vier Seiten noch einmal durch. Sie sind zentral für das Verständnis der weiteren Lektionen. Dort werden dann die Begriffe Anschaffungskosten, Herstellungskosten, Tageswert, beizulegender Wert und Abschreibungen genauer analysiert und wird deren buchhalterische Behandlung dargestellt.

Leitsatz 14

Bewertung von Vermögensgegenständen
Man vergleicht
▶ den historischen Wert eines Vermögensgegenstands, dies sind die Anschaffungs- oder Herstellungskosten (als Wertobergrenze),

▶ mit dem aktuellen Tageswert am Abschlussstichtag. Dieser wird aus dem Börsen- oder Marktpreis abgeleitet oder entspricht, sofern diese nicht ermittelbar sind, dem beizulegenden Wert (als Wertuntergrenze).

Liegt der Tageswert unter dem historischen Wert, so ist mit wenigen Ausnahmen eine außerplanmäßige Abschreibung vorzunehmen (§ 253 Abs. 1 S. 1 HGB).

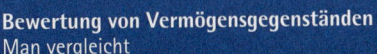

Fall 44

Die X-GmbH soll für die Z-AG eine schlüsselfertige Produktionsanlage bauen. Die Bauzeit beträgt fünf Jahre, wobei ein kontinuierlicher Baufortschritt unterstellt werden kann. Die Bauabnahme erfolgt nach vollständiger Fertigstellung; die Zahlung spätestens vier Wochen nach der Bauabnahme. Man rechnet ziemlich fest mit einem Gewinn in Höhe von 1 Mio. € aus diesem Geschäft.

Wann ist der Gewinn der X-GmbH realisiert?

Erst mit der Bauabnahme ist die Leistung der X-GmbH erbracht und somit der Umsatzakt vollzogen. Daher ist zu diesem Zeitpunkt auch der Gewinn realisiert und auszuweisen. Diese so genannte **Completed Contract Method** lässt sich aus dem Realisationsprinzip ableiten (§ 252 Abs. 1 Nr. 4 HGB). Dass die Zahlung später erfolgt, ist unerheblich, da lediglich statt der Einzahlung auf dem Geldkonto der X-GmbH eine Forderung aus Lieferungen und Leistungen aktiviert wird.

■■■ Fall 45

Wie **Fall 44**, allerdings unterstellen wir, dass die X-GmbH nach IAS/IFRS bilanziert.

Was würde sich ändern?

Nach IAS 11 ist auf Construction Contracts die **Percentage of Completion Method** anzuwenden. Anders als nach deutschem Recht erfolgt der Gewinnausweis nach dem Fertigstellungsgrad der Anlage. In unserem Fall würde die X-GmbH also in jedem Jahr 200.000 € Gewinn ausweisen. Damit wäre der Jahresüberschuss in den ersten vier Geschäftsjahren jeweils um 200.000 € höher als nach HGB und im fünften Jahr um 800.000 € geringer.

Das Realisationsprinzip wird nach IAS/IFRS also „lockerer" interpretiert als nach HGB. Dies gilt z. B. auch für den Tageswertansatz bei Wertpapieren des Umlaufvermögens.

■■■ Fall 46

Die X-GmbH hält im Umlaufvermögen Aktien der börsennotierten Q-AG. Sie wurden im Februar in spekulativer Absicht für 100.000 € erworben. Zum 31.12. ist der Börsenwert auf 120.000 € gestiegen.

Ist diese Wertsteigerung als Gewinn auszuweisen?

Selbstverständlich nicht. Es läge ein Verstoß gegen das Realisationsprinzip vor. Die Aktien sind gemäß § 253 Abs. 1 S. 1 HGB mit ihren Anschaffungskosten zu bewerten.

■■■ Fall 47

Das findet die X-GmbH nicht richtig. Wenn die Aktien an der Börse für 120.000 € zu verkaufen sind, ist das doch praktisch fast wie realisiert. Aber eben nur fast!

Was sagen die IAS/IFRS dazu?

Auch hier gehen die IAS/IFRS weniger formal vor. Bei Wertpapieren des Umlaufvermögens, die zum Verkauf bestimmt sind, erfolgt nach IAS 39 eine Bewertung zum (hier höheren) Marktwert. Die Zuschreibung auf den höheren Wert führt zu einer Gewinnerhöhung in der GuV. Damit würde ein Gewinn ausgewiesen werden, der nach Verständnis der GoB noch gar nicht existiert.

■■■ Fall 48

Das findet X nun wieder super. Er meint, die GmbH könne ihren Jahresabschluss ja nun auch nach den IFRS erstellen und so die „quasi" realisierten Gewinne ausweisen und ausschütten.

Begeistert Sie diese Idee auch?

Wir hoffen, dass nicht! Die Gewinnausschüttung hängt vom handelsrechtlichen Einzelabschluss ab. Nach IFRS ist hingegen der Konzernabschluss kapitalmarktorientierter Unternehmen zu erstellen. X hofft also vergebens.

3 Objektivierung durch Ansatz-GoB

An den im HGB kodifizierten und von der Rechtsprechung konkretisierten GoB ist erkennbar, dass das in der Handelsbilanz ausgewiesene Eigenkapital eine vorsichtig ermittelte Untergrenze des Ertragswerts des Unternehmens darstellen soll. Nach § 246 Abs. 1 S. 1 HGB hat der Jahresabschluss „sämtliche Vermögensgegenstände, Schulden, Rechnungsabgrenzungsposten ... zu enthalten, soweit gesetzlich nichts anderes bestimmt ist." (**Vollständigkeitsgrundsatz**). Der Kaufmann darf also Vermögensgegenstände und Schulden, die nach den Regeln des HGB ausreichend konkretisiert und nachprüfbar (objektiviert) sind, bei der Bilanzaufstellung nicht einfach weglassen. Andererseits darf er Vermögenswerte, die nicht hinreichend objektivierbar sind (z. B. eine gute Idee, das Know how der Mitarbeiter oder der gute Ruf bei den Kunden), nicht in den Jahresabschluss aufnehmen. Dafür wird in Kauf genommen, dass das in der Handelsbilanz ausgewiesene Eigenkapital und der Ertragswert eines Unternehmens stark voneinander differieren können. Falls Sie sich nicht mehr erinnern, was der Ertragswert ist, sollten Sie schnell noch einmal Lektion 2 Punkt 1.2 nachlesen!

■■■ Fall 49

Der äußerst angesehene und erfolgreiche Unternehmensberater Z möchte sich zur Ruhe setzen und sein Einzelunternehmen verkaufen. Die Handelsbilanz weist das Betriebsgrundstück (200.000 €) mit Gebäude (200.000 €), die Büro- und Geschäftsausstattung (100.000 €), Bankguthaben (30.000 €) und das Eigenkapital (530.000 €) aus. Ein Kaufinteressent Y bietet für das Unternehmen 1.000.000 €.

Warum?

Natürlich könnte es sein, dass der Käufer schlicht dämlich ist und daher bereit ist, einen völlig überhöhten Preis zu zahlen. Gehen wir aber von einem rational handelnden Investor aus, so wird er höchstens den Ertragswert des Unternehmens bezahlen. Wenn dieser nun weit höher ist als das bilanziell ausgewiesene Eigenkapital (Betriebsvermögen), müssen in dem Unternehmen noch Vermögenswerte stecken, die die Bilanz nicht ausweist (stille Reserven).

Stille Reserven entstehen durch Wertsteigerungen der aktivierten Vermögensgegenstände. Wenn der Tageswert über dem historischen Wert liegt, darf aufgrund des Realisationsprinzips nicht auf diesen zugeschrieben werden. Das haben Sie gerade gelernt. Hierdurch entstehen Gewinnpotentiale, die in der Handelsbilanz nicht ausgewiesen werden. Wenn etwa der aktuelle Tageswert des Betriebsgrundstücks in Fall 49 300.000 € beträgt, sind in dem Vermögensgegenstand 100.000 € stille Reserven enthalten.

Daneben können stille Vermögenswerte existieren, weil Gewinnchancen zu wenig konkretisiert sind, um sie in einem Vermögensgegenstand auszuweisen. So stellen z. B. feste Kundenbindungen und hoch motivierte, gut ausgebildete Mitarbeiter solche Gewinnpotentiale dar, ohne dass man sie genau konkretisieren oder gar in Geld bewerten könnte. Diese Gewinnpotentiale bilden den so genannten Geschäftswert

! Leitsatz 15

Eigenkapital und Ertragswert
Das in der Handelsbilanz gemäß § 246 Abs. 1 S. 1 HGB (Vollständigkeitsgrundsatz) ausgewiesene Eigenkapital stellt eine vorsichtig ermittelte, objektivierte Untergrenze des Ertragswerts des Unternehmens dar.

Der Unterschied zwischen Ertragswert und Eigenkapital eines Unternehmens lässt sich in zwei Komponenten aufteilen:

▶ die stillen Reserven (Unterschied zwischen Tageswert und bilanziell angesetztem Wert eines Vermögensgegenstands)
▶ und den originären Geschäfts- oder Firmenwert (Tageswert des Unternehmens abzüglich des bilanziell angesetzten Eigenkapitals abzüglich der stillen Reserven).

3.1 Die Bilanzierung nach § 246 Abs. 1 S. 1 HGB

Grundsätzlich ist jeder Sachverhalt in der Bilanz berücksichtigungsfähig, der die Kriterien für einen Vermögensgegenstand (bzw. einen Rechnungsabgrenzungsposten) oder eine Schuld erfüllt. Der Begriff Vermögensgegenstand zeigt bereits, dass versucht wird, den Ertragswert des Unternehmens auf einzelne Gegenstände zurückzuführen. Dadurch sollen eine Objektivierung und Nachprüfbarkeit gewährleistet werden.

Der BFH definiert den Vermögensgegenstand als einen greifbaren Vermögensbestandteil, der sich selbständig bewerten lässt. Ein Sachverhalt muss also drei Kriterien erfüllen, damit es sich um einen Vermögensgegenstand handelt:

1) **Vermögensbestandteil**: Nur ein Sachverhalt, der voraussichtlich zu künftigen Einnahmenüberschüssen führt, ist Bestandteil des Vermögens eines Unternehmens. Man spricht auch von Werthaltigkeit.

2) **Greifbarkeit**: Ein Vermögensgegenstand liegt nicht vor, wenn sich ein vielleicht ertragswertsteigernder Sachverhalt ins Allgemeine verflüchtigt.

3) **Selbständige Bewertbarkeit**: Es muss möglich sein, den Sachverhalt einzeln zu bewerten.

> Beachten Sie, dass der BFH eigentlich nur für das Steuerrecht und nicht für das Handelsbilanzrecht zuständig ist. Da aber der im Steuerrecht gebrauchte Begriff Wirtschaftsgut nicht definiert ist, leitet er ihn aus dem handelsrechtlichen Vermögensgegenstand ab. Der BFH definiert also den Vermögensgegenstand und erhält damit auch die Definition des **Wirtschaftsguts**.

3.2 Das Bilanzierungsverbot nach § 248 Abs. 2 HGB

Die Wahrscheinlichkeit der Werthaltigkeit wird also bereits bei der Frage berücksichtigt, ob ein Sachverhalt grundsätzlich in die Bilanz aufgenommen werden darf oder muss. Für bestimmte Vermögensgegenstände, deren künftige Einnahmenüberschüsse vom Gesetzgeber als besonders vage angesehen werden, existiert darüber hinaus in § 248 Abs. 2 HGB ein Aktivierungsverbot. Es handelt sich um selbst erstellte immaterielle Vermögensgegenstände des Anlagevermögens. Hier ist zwar ein Vermögensgegenstand entstanden; ob dessen Ertragswert aber die Herstellungskosten decken wird, ist im Vergleich zu erworbenen Vermögensgegenständen besonders unsicher. Für derartige Vermögensgegenstände existiert oftmals kein Marktpreis, der seine Werthaltigkeit objektivieren könnte.

■ Fall 50

Die X-GmbH hat ein EDV-Programm für 10.000 € erworben und ein anderes für 10.000 € selbst erstellt.

Werden diese bilanziert?

Das erworbene Programm ist unproblematisch. Es handelt sich um einen Vermögensgegenstand, der entgeltlich erworben wurde. Er ist gemäß § 246 Abs. 1 S. 1 HGB zu aktivieren und mit seinen Anschaffungskosten zu bewerten. Bei dem selbsterstellten Programm ist zu prüfen, ob es sich um Anlage- oder Umlaufvermögen handelt. Schlagen Sie bitte in § 248 Abs. 2 HGB nach. Handelt es sich um Umlaufvermögen, erfolgt ebenfalls eine Aktivierung; ist es jedoch dem Anlagevermögen zuzurechnen, greift das Aktivierungsverbot des § 248 Abs. 2 HGB und die 10.000 € sind sofort als Aufwand zu buchen.

Den Sinn verstehen Sie nicht?

Dann denken Sie doch noch einmal über Fall 50 nach: Die X-GmbH hat Software für 10.000 € selbst erstellt. Ob sie tatsächlich werthaltig ist, ist nur schwer zu beurteilen.

Welche Konsequenzen hätte eine Aktivierung in den Folgejahren?

Wenn das Programm im Umlaufvermögen aktiviert ist, also verkauft werden soll, wird sich schnell herausstellen, ob der Markt bereit ist, mindestens diese Herstellungskosten zu zahlen. Falls nicht, erfolgt am Abschlussstichtag eine außerplanmäßige Abschreibung auf den niedrigeren Tageswert. Durch die (kurzfristige) Aktivierung würde die Unternehmenslage nicht zu günstig dargestellt werden.

Wenn es Teil des Anlagevermögens ist, also nicht verkauft sondern im Unternehmen genutzt werden soll, wird sich gerade nicht so schnell und schon gar nicht leicht herausstellen, ob der Vermögensgegenstand werthaltig ist. Es besteht die Gefahr einer Überbewertung. Da der Gesetzgeber meint, dass gerade bei immateriellen Vermögensgegenständen diese Gefahr besonders groß sei, hat er § 248 Abs. 2 HGB kodifiziert.

Übrigens gehen auch hier die IAS/IFRS unverkrampfter mit der Objektivierung um. Für selbsterstellte Immaterialwerte des Anlage- und Umlaufvermögens, die sich bereits in der Entwicklungsphase befinden, sieht IAS 38 eine Aktivierungspflicht vor, sofern die dort genannten Bedingungen (z.B. zuverlässige Werthaltigkeitsprognose) erfüllt sind.

Zurück zu Fall 49: Der Käufer hat für das Unternehmen tatsächlich 1.000.000 € gezahlt. Davon wurden 470.000 € durch ein Bankdarlehen finanziert.

Wie sieht seine Bilanz aus?

Y bilanziert die Vermögensgegenstände und Schulden mit ihren Anschaffungskosten. Dies sind bei dem bebauten Grundstück 500.000 €, obwohl nur 400.000 € in der Bilanz des X ausgewiesen waren. Die Differenz (100.000 €) waren ehemals die stillen Reserven. Dennoch hat Y 370.000 € mehr gezahlt als den Marktwert der Vermögensgegenstände. Diese Differenz ist der Geschäftswert, den er erworben hat.

Aktivseite		Eröffnungsbilanz zum ... (in €)	Passivseite	
Geschäftswert	370.000	Eigenkapital		530.000
Grundstück	500.000			
Geschäfts-				
ausstattung	100.000	Fremdkapital		470.000
Bankguthaben	30.000			
	1.000.000			1.000.000

Weiter mit Fall 49: „Stopp!" sagt Y, „Ich habe gelernt, dass immaterielle Vermögensgegenstände des Anlagevermögens gemäß § 248 Abs. 2 HGB nicht aktiviert werden dürfen. Das sollte dann ja wohl auch für den Geschäftswert gelten. Und überhaupt ist für mich fraglich, ob der Geschäftswert ein Vermögensgegenstand und nicht nur ein Sammelsurium von Hoffnungen ist. Ich aktiviere den Geschäftswert nicht!"

Muss er?

Ob der Geschäftswert ein Vermögensgegenstand ist, wird kontrovers diskutiert. Der Gesetzgeber drückt sich aber geschickt um eine Antwort. Wenn der Geschäftswert selbst erstellt wurde (originärer Geschäftswert), darf er nicht aktiviert werden. Entweder ist er kein Vermögensgegenstand und daher gemäß § 246 Abs. 1 S. 1 HGB nicht aktivierbar oder er ist einer und fällt dann unter das Verbot des § 248 Abs. 2 HGB. In Fall 49 wurde er aber von Y entgeltlich erworben. § 248 Abs. 2 HGB greift also nicht. In § 255 Abs. 4 S. 1 HGB (unbedingt lesen!) gestattet der Gesetzgeber für einen erworbenen (derivativen) Geschäftswert ein Aktivierungswahlrecht. Er muss also nicht.

Anders wäre es übrigens, wenn die X-GmbH nach IAS/IFRS Rechnung legen müsste. IFRS 3.51 sieht für derivative Geschäftswerte eine Aktivierungspflicht vor. Damit ist der derivative Geschäftswert ein weiteres Beispiel für die Aussage in Lektion 5 Punkt 3, dass in Jahresabschlüssen nach IAS/IFRS die Gewinne tendenziell früher ausgewiesen werden als nach HGB.

Lektion 7
Anschaffungskosten

1 Die Anschaffungskosten gemäß § 255 Abs. 1 HGB

Wie Sie aus Lektion 6 wissen, sind die Anschaffungs- und Herstellungskosten die beiden zentralen Bewertungsmaßstäbe (= Basiswerte, historische Werte) bei der erstmaligen Aktivierung eines Vermögensgegenstandes. Sie sind außerdem gemäß § 253 Abs. 1 S. 1 HGB die absolute Wertobergrenze bei der Bewertung von Vermögensgegenständen

(= Anschaffungskostenprinzip und Realisationsprinzip).

Anschaffungskosten (gemeint sind Anschaffungsausgaben) liegen vor, wenn Vermögensgegenstände entgeltlich erworben wurden. Der Gesetzgeber spricht in § 255 Abs. 1 S. 1 HGB von Aufwendungen (gemeint sind wieder Ausgaben), die geleistet werden, um einen Vermögensgegenstand zu erwerben und ihn in einen betriebsbereiten Zustand zu versetzen, soweit sie dem Vermögensgegenstand einzeln zugeordnet werden können.

Das Schema zur Ermittlung der Anschaffungskosten gemäß § 255 Abs. 1 Sätze 1 bis 3 HGB sieht wie folgt aus:

> Anschaffungspreis (i.d.R. ohne Umsatzsteuer)
> + Anschaffungsnebenkosten
> + nachträgliche Anschaffungskosten
> - Anschaffungspreisminderungen
>
> = Anschaffungskosten

1.1 Der Anschaffungspreis

Der Anschaffungspreis ist der Nettokaufpreis für einen Vermögensgegenstand. Die zu zahlende USt ist wegen ihres durchlaufenden Charakters beim Unternehmer nicht zu berücksichtigen, sofern dieser zum Vorsteuerabzug berechtigt ist. Unter dem Bruttokaufpreis ist folglich der Anschaffungspreis einschließlich USt zu verstehen.

Fall 51

X möchte aus dem Bruttokaufpreis von 34.800 € (Umsatzsteuersatz zur Zeit 16 %) den Nettokaufpreis ermitteln. Daher tippt er in seinen Taschenrechner 34.800 x 0,16 ein und wundert sich, dass der Nettobetrag so krumm ist.

X sollte sich eher wundern, warum er den Dreisatz nicht beherrscht. Er darf natürlich nicht einfach vom Bruttobetrag 16 % berechnen. X geht am einfachsten nach folgender Formel vor:

Bruttobetrag : Divisor = Nettobetrag

> Der Divisor zur Ermittlung der Nettobeträge beträgt:
> ▶ bei einem Umsatzsteuersatz von 16 % : 1,16
> ▶ bei einem Umsatzsteuersatz von 7 % : 1,07

34.800 € : 1,16 = 30.000 €

Fall 52

Wie könnte X (im Fall 51) den Nettobetrag noch ermitteln?

(Bruttobetrag x 100) : 116 = Nettobetrag
(34.800 € x 100) : 116 = 30.000 €

Fall 53

X ist aber an der Höhe der Umsatzsteuer interessiert.

Was nun?

(Bruttobetrag x 16) : 116 = Umsatzsteuer
(34.800 € x 16) : 116 = 4.800 €

Fall 54

X möchte aus dem Bruttokaufpreis von 34.800 € noch einmal den Nettokaufpreis ermitteln. Allerdings beträgt jetzt der Umsatzsteuersatz 7 %.

34.800 € : 1,07 = 32.523,36 €

1.2 Die Allphasen-Netto-Umsatzsteuer

Die deutsche Umsatzsteuer (USt) ist als Allphasen-Netto-Umsatzsteuer mit Vorsteuerabzug konzipiert. § 1 Abs. 1 UStG regelt abschließend, welche Umsätze steuerbar sind (= Steuergegenstand). Insbesondere unterliegen der USt gemäß § 1 Abs. 1 Nr. 1 UStG die Lieferungen und sonstigen Leistungen, die ein Unternehmer im Inland gegen Entgelt im Rahmen seines Unternehmens ausführt. Der Begriff Allphasen-Netto-USt bringt zum Ausdruck, dass einerseits grundsätzlich alle Unternehmen auf jeder Stufe der Produktions- und Handelskette bis hin zum Endverbraucher von dieser Steuer betroffen sind, und dass andererseits die Steuerschuld anhand der Wertschöpfung (des „Mehrwertes") des einzelnen Unternehmens bemessen wird. Gemäß § 12 Abs. 1 UStG beträgt der allgemeine Umsatzsteuersatz (zur Zeit) 16 %, der ermäßigte Umsatzsteuersatz für die in § 12 Abs. 2 UStG genannten Umsätze beträgt 7 %. Einige Lieferungen und sonstige Leistungen sind nach §§ 4, 4b und 5 UStG von der USt gänzlich befreit.

> Umsatzsteuerbefreit sind z. B. die Vermietung von Wohnraum (§ 4 Nr. 12a UStG), die Gewährung von Krediten (§ 4 Nr. 8 UStG) und Versicherungsleistungen (§ 4 Nr. 10 UStG).

Weiterhin gibt es steuerbare Umsätze, bei denen der Steuerpflichtige gemäß § 9 UStG ein Optionsrecht hat, ob er sie als steuerfreie oder steuerpflichtige Umsätze behandeln will. Besondere Bedeutung besitzt diese Vorschrift bei der Vermietung von Grund und Boden einschließlich Gebäuden und Gebäudeteilen an andere Unternehmer. Dem Vermieter steht es somit frei, ob er vom Mieter USt erhebt, sofern dieser selbst ein umsatzsteuerpflichtiger Unternehmer ist.

Den Sinn verstehen Sie nicht?

Etwas Geduld!

Die USt, die der Unternehmer selbst für Lieferungen und sonstige Leistungen an andere Unternehmer entrichtet, bezeichnet man als Vorsteuer (= Eingangsumsatzsteuer) Sie stellt für den Unternehmer eine Forderung gegenüber dem Finanzamt dar und wird auf dem aktiven Bestandskonto Vorsteuer (VorSt) im Soll gebucht.

Die USt, die der ausführende Unternehmer von seinen Kunden erhebt, bezeichnet man als Umsatzsteuertraglast (= Ausgangsumsatzsteuer) oder als erhaltene USt. Sie stellt für den Unternehmer eine Verbindlichkeit gegenüber dem Finanzamt dar und ist auf dem passiven Bestandskonto USt im Haben zu buchen.

Die USt, die letztlich an das Finanzamt zu zahlen ist, heißt Umsatzsteuerzahllast. Sie ergibt sich durch Abzug der Vorsteuer von der Umsatzsteuertraglast (daher Netto-USt mit Vorsteuerabzug). Damit wird wirtschaftlich nicht der Unternehmer, sondern der Endverbraucher belastet (daher: indirekte Steuer).

Leitsatz 16

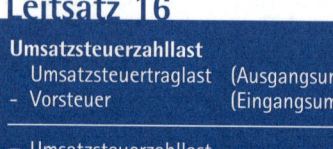

Umsatzsteuerzahllast

    Umsatzsteuertraglast   (Ausgangsumsatzsteuer)
-   Vorsteuer   (Eingangsumsatzsteuer)

= Umsatzsteuerzahllast

Der Unternehmer zahlt die USt an den Fiskus; wirtschaftlich belastet ist aber der Endverbraucher (indirekte Steuer).

Fall 55

Y vermietet ein Bürogebäude an die Z-GmbH, die ihrerseits mit Computern handelt. Bislang hat Y wegen der Steuerbefreiung in § 4 Nr. 12a UStG keine USt erhoben. Nunmehr will er die Miete um 16 % USt erhöhen.

Darf er das und was wird die Z-GmbH dazu sagen?

Sie haben gelernt, dass § 9 Abs. 1 UStG tatsächlich dem Vermieter das Recht einräumt, auf die Umsatzsteuerbefreiung zu verzichten (Optionsrecht). Die Z-GmbH wird das wenig bekümmern, denn sie kann die von Y erhobene USt als Vorsteuer geltend machen.

Fall 56

Unternehmer U1 (Hersteller) erbringt eine Leistung für 100 € zuzüglich 16 % USt an Unternehmer U2. U2 (Großhändler) erbringt eine Leistung an U3 für 150 € zuzüglich USt. U3 (Einzelhändler) leistet an den Endverbraucher (E), wobei er 200 € zuzüglich 16 % USt, also 232 € als Bruttopreis erhebt. Prüfen Sie, wer welchen Betrag an das Finanzamt (FA) abführt und wer letztlich die Zeche zahlt.

Übersicht 15: Das Allphasen-Netto-USt-System

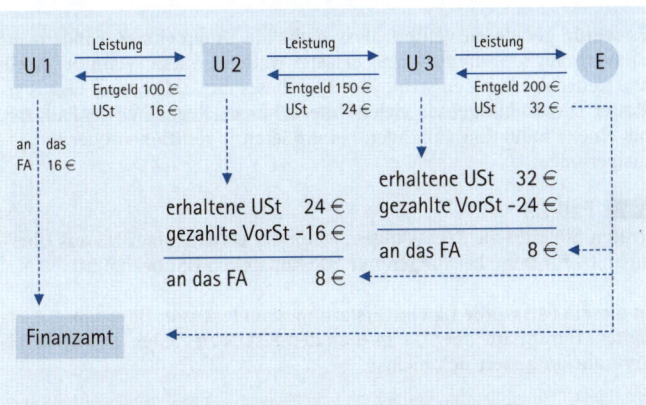

E ist mit 32 € belastet; U1, U2 und U3 zahlen sie an das FA.

Fall 57

X ist Unternehmensberater. Für die Reinigung der Büroräume kauft er ein Reinigungsmittel. Er ist sich unsicher, ob er auch diese Vorsteuer geltend machen kann.

Was meinen Sie?

Bei den drei in Übersicht 15 dargestellten Leistungen muss es sich nicht um die gleiche Leistung (z. B. Verkauf derselben Ware) handeln. Vielmehr darf sich ein Unternehmer, der selbst Umsatzsteuer erhebt, alle Vorsteuerbeträge abziehen, die er gezahlt hat, sofern sie (wenn auch indirekt) mit seinen eigenen steuerpflichtigen Umsätzen in einem wirtschaftlichen Zusammenhang stehen. X kann also grundsätzlich auch die Vorsteuer, die auf dem Reinigungsmittel lastet, geltend machen.

▉ Fall 58

Das hat X verstanden. Er addiert alle gezahlten Vorsteuerbeträge und zieht sie von der USt ab, die er selbst erhoben hat. Der Betrag ist negativ. Nun meint X, dass er den Vorsteuerüberhang vom Finanzamt erstattet bekommt.

Zu Recht?

Es wurde gerade ausgeführt, dass nicht die Unternehmer, sondern die Endverbraucher durch die USt belastet werden sollen. Wenn bei X ein Vorsteuerüberhang entsteht, wird ihm dieser tatsächlich vom Fiskus erstattet. Dies ist übrigens in vielen Unternehmen gelegentlich der Fall; z.B. bei einer Produktion auf Lager, bei größeren Investitionen oder in Verlustperioden.

▉ Fall 59

Prüfen Sie bitte die Rechtsfolgen, wenn der Unternehmer U2 aus Übersicht 15 für seine Leistungen nur 50 € zuzüglich USt bekommt.

In diesem Fall würde U2 eine Erstattung vom Fiskus in Höhe von 8 € erhalten. Dafür hätte aber U3 24 € an den Fiskus zu zahlen. Für den Endverbraucher ändert sich nichts.

! Leitsatz 17

Vorsteuerabzug
Ein umsatzsteuerpflichtiger Unternehmer kann die an andere Unternehmer gezahlte Vorsteuer mit seiner Umsatzsteuerschuld gegenüber dem Finanzamt verrechnen. Bei einem Vorsteuerüberhang erhält er die Differenz vom Finanzamt erstattet. Ein Unternehmer, der selbst steuerbefreite Umsätze ausführt (z. B. Vermietung, Versicherung, Kredite), hat dagegen keinen Vorsteuerabzug.

Zurück zu Fall 55: Kann es für Y überhaupt Sinn machen, auf die Steuerbefreiung der Vermietung zu verzichten und nach § 9 UStG zur Steuerpflicht zu optieren?

Ja! Wie Sie eben gelernt haben, kann ein Unternehmer, der steuerfreie Umsätze tätigt, seine Vorsteuer nicht geltend machen. Wenn z. B. das Gebäude renoviert wurde, kann Y also die Vorsteuer nur geltend machen, sofern er dem Mieter ebenfalls USt in Rechnung stellt, also die Option nach § 9 UStG ausübt.

Nun haben Sie die Allphasen-Netto-Umsatzsteuer verstanden. Es bleibt noch zu klären, wie zum Ende eines Voranmeldezeitraums (i.d.R. Kalendermonat oder Kalendervierteljahr; § 18 Abs. 2 UStG) die Konten Vorsteuer und USt miteinander zu verrechnen sind. Dies geschieht, indem das Vorsteuerkonto in das Umsatzsteuerkonto abgeschlossen wird. Allgemein lautet der Buchungssatz:

Umsatzsteuer (USt)   an   Vorsteuer (VorSt)

Der sich dann ergebende Saldo stellt entweder einen Vorsteuerüberhang (Buchung: SBK an Vorsteuer) oder eine Umsatzsteuerzahllast (Buchung: USt an SBK) dar.

Fall 60

Unternehmer X kauft Handelswaren für 100 € zuzüglich 16 % USt. Diese werden auch sofort geliefert. Der Lieferant räumt ein Zahlungsziel von 60 Tagen ein. Unternehmer X verkauft und liefert außerdem Handelswaren für 300 € zuzüglich 16 % USt. Die Kunden zahlen bar. Bilden Sie die Buchungssätze und schließen Sie die Konten Vorsteuer und USt ab.

1.	Warenbestand	100	an	Verbindlichkeiten	
	VorSt	16		aus L. u. L.	116
2.	Kasse	348	an	Warenverkauf	300
				USt	48
3.	USt	16	an	VorSt	16
4.	USt	32	an	SBK	32

Beachten Sie, dass die Umsatz- und die Vorsteuer grundsätzlich im Zeitpunkt der Leistungserbringung gebucht werden und nicht etwa erst im Zeitpunkt der Zahlung.

1.3 Die Anschaffungsnebenkosten

Gemäß § 255 Abs. 1 S. 2 HGB gehören zu den Anschaffungskosten auch die Anschaffungsnebenkosten, sofern es sich um Einzelkosten handelt. Zu aktivierende und wie der eigentliche Anschaffungspreis zu buchende Anschaffungsnebenkosten sind alle Ausgaben, die dazu dienen, den Vermögensgegenstand in den eigenen Verfügungsbereich zu überführen, beispielsweise bei Grundstücken die Grunderwerbsteuer, Säumniszuschläge, Notar- und Grundbuchgebühren, Vermessungsgebühren oder Vermittlungs- und Maklergebühren; bei beweglichen Vermögensgegenständen des Sachanlagevermögens beispielsweise Verpackungs-, Transport-, Ablade- oder Transportversicherungskosten. Weiterhin gehören zu den Anschaffungsnebenkosten auch innerbetrieblich anfallende Bereitstellungsausgaben, die getätigt werden, um den Vermögensgegenstand in einen betriebsbereiten Zustand zu versetzen. Hierzu gehören beispielsweise Aufstell-, Fundamentierungs- und Montageausgaben. Auch diese Ausgaben sind nur dann in die Anschaffungskosten einzubeziehen, wenn sie dem Vermögensgegenstand einzeln, das heißt direkt ohne Schätzung oder Schlüsselung, zugerechnet werden können. Gemeinkosten (= nicht direkt zurechenbare Ausgaben) erhöhen folglich die Anschaffungskosten nicht, sondern sind sofort gewinnmindernd zu buchen.

■■■ Fall 61

Unternehmer X hat Fertigteile mit dem eigenem LKW beim Hersteller Y abgeholt.

Wie sind die damit in Zusammenhang stehenden Ausgaben (Benzin- und Ölverbrauch beim LKW, Lohn des Fahrers etc.) in der doppelten Buchführung zu behandeln?

Diese Ausgaben können nur im Wege der Schätzung ermittelt werden; sie sind daher nicht zu aktivieren, sondern werden direkt als laufender Aufwand gebucht.

Finanzierungsausgaben, insbesondere Zinsen für einen bei der Anschaffung eines Vermögensgegenstandes aufgenommenen Kredit, gehören nicht zu den Anschaffungsnebenkosten, sondern sind laufender Aufwand. Sie stehen nicht in einem unmittelbaren, sondern nur in einem mittelbaren Zusammenhang mit der Anschaffung eines Vermögensgegenstandes, weil neben dem Kaufvertrag noch der Kreditvertrag steht. Der Gesetzgeber möchte also offensichtlich die Investitions- von der Finanzierungsebene trennen.

▄▄▄ Fall 62

Unternehmer X erwirbt einen LKW. Die Rechnung des Händlers bei Abholung sieht wie folgt aus:

	Sonderpreis	68.000 €
+	Überführungskosten	1.500 €
+	Zulassungskosten	500 €
=	Kaufpreis netto	70.000 €
+	16 % Umsatzsteuer	11.200 €
=	Kaufpreis brutto	81.200 €

Welche Buchung formuliert X bei Abholung des LKW, wenn er diesen sofort bar bezahlt?

LKW   70.000

VorSt   11.200 an Kasse   81.200

1.4 Die nachträglichen Anschaffungskosten

Der Anschaffungsvorgang ist abgeschlossen, wenn der Vermögensgegenstand in die wirtschaftliche Verfügungsmacht des Erwerbers gelangt und gegebenenfalls in den betriebsbereiten Zustand versetzt ist. Aber auch danach können sich die ursprünglich aktivierten Anschaffungskosten durch nachträgliche Anschaffungskosten noch erhöhen. Nachträgliche Anschaffungskosten müssen in einem gewissen zeitlichen Zusammenhang mit der Anschaffung stehen. Beispielhaft seien erst später zu zahlende Straßenanliegerbeiträge, Erschließungsbeiträge oder Kanalanschlussgebühren genannt.

▬▬ Fall 63

Unternehmer X aus Fall 62 lässt im Folgejahr in den LKW noch ein Radio für 250 € zuzüglich 16 % USt einbauen.

Liegen hier nachträgliche Anschaffungskosten vor?

Ja! Es handelt sich bei dem Radio um nachträgliche Anschaffungskosten für den LKW.

1.5 Die Anschaffungspreisminderungen

Insbesondere bei Handelsunternehmen kommt es häufig vor, dass Unternehmen beim Kauf von Waren nicht den vollen Preis zahlen müssen, sondern lediglich einen geringeren Betrag. Man spricht in diesem Zusammenhang von Preisnachlässen oder Preisabzügen. Da diese die Kaufpreissumme mindern und nur die tatsächlichen Ausgaben in die Anschaffungskosten eingehen dürfen, sind derartige Anschaffungspreisminderungen gemäß § 255 Abs. 1 S. 3 HGB abzuziehen. Man unterscheidet drei Arten von Anschaffungspreisminderungen, deren buchhalterische Behandlung unterschiedlich ist.

▶ Der Rabatt ist ein Preisnachlass, der bereits im Zeitpunkt des Vertragsabschlusses sicher ist. Man unterscheidet Mengenrabatte, Treuerabatte, Wiederverkäuferrabatte, Personalrabatte und Sonderrabatte.
▶ Skonti und Boni hingegen sind dadurch gekennzeichnet, dass ihre Gewährung im Zeitpunkt des Vertragsabschlusses unsicher ist. Skonti sind vom Zeitpunkt der Rechnungsbegleichung, Boni vom Volumen weiterer Bestellungen abhängig.

1.5.1 Rabatte

Rabatte werden bereits bei Vertragsabschluss, also vor der eigentlichen Lieferung, fest vereinbart. Ein typisches Beispiel stellt der Mengenrabatt dar. Der Käufer weiß bereits bei Vertragsabschluss sicher, dass er Handelswaren zu einem ermäßigten Preis erhält. Daher wird jeder Rabatt netto gebucht. Der Zahlungsbetrag ergibt sich als:

> Anschaffungspreis
> - Rabatt
> _____
> = Warenwert (netto)
> + Umsatzsteuer
> _____
> = Zahlungsbetrag

▉▉▉ Fall 64

X erhält eine Warenlieferung, deren regulärer Preis 10.000 € netto beträgt. Der Lieferant gewährt X einen Mengenrabatt von 10 % auf den Listenpreis der Ware.

Wie lautet der Buchungssatz?

Warenkonto	9.000	an	Verbindlichkeiten	10.440
VorSt	1.440		aus L. u. L.	

1.5.2 Skonti

Skonti sind Preisnachlässe unter der Bedingung, dass die Zahlung innerhalb eines bestimmten Zeitraums nach der Lieferung erfolgt. Zum Zeitpunkt des Warenzugangs (Einkaufsseite) oder des Warenabgangs (Verkaufsseite) ist der Erhalt beziehungsweise die Gewährung des Skontos für den Unternehmer unsicher. Daher wird der Skonto zum Lieferzeitpunkt noch nicht berücksichtigt.

▉▉▉ Fall 65

X erhält eine Warenlieferung für 10.000 € zuzüglich 16 % USt. Zahlungsziel: 2 % Skonto bei Zahlung innerhalb von 10 Tagen; 30 Tage netto.

Wie lauten die Buchungen beim Erwerber und beim Veräußerer zum Lieferzeitpunkt?

Buchung beim Erwerber X:

Warenkonto	10.000	an	Verbindlichkeiten	11.600
VorSt	1.600		aus L. u. L.	

Buchung beim Veräußerer:

Forderungen	11.600	an	Warenverkauf	10.000
aus L. u. L.			USt	1.600

Erst im Zeitpunkt der Zahlung steht fest, ob der Unternehmer den Skonto „zieht". Bei Inanspruchnahme des Skontos muss der erste Buchungssatz sowohl beim Erwerber als auch beim Veräußerer korrigiert werden, da sich der neue Zahlungsbetrag wie folgt errechnet:

```
    Anschaffungspreis
-   Skonto
    _____

=   Warenwert (netto)
+   Umsatzsteuer
    _____

=   Zahlungsbetrag
    _____
```

Sowohl der Warenwert als auch die Vorsteuer müssen korrigiert werden. Der **Lieferantenskonto** (vom Lieferanten erhaltener Skonto) stellt gemäß § 255 Abs. 1 S. 3 HGB eine Minderung der Anschaffungskosten dar. Er ist deshalb über das Wareneinkaufskonto und **nicht** über die GuV abzuschließen.

Wegen der Übersichtlichkeit wird für das Wareneinkaufskonto häufig ein **Unterkonto** eingerichtet, auf dem der Lieferantenskonto gebucht wird. Dieses Konto heißt **Lieferantennachlass** oder **Erhaltene Skonti**. Entsprechend stellen **Kundenskonti** (an Kunden gewährte Skonti) Minderungen der Verkaufspreise dar. Gewährte Skonti sind demzufolge über das Warenverkaufskonto abzuschließen.

Zurück zu **Fall 65**. X hat sich inzwischen ausgerechnet, dass der Skontoabzug keine schlechte Sache ist. 10 Tage nach der Lieferung bezahlt er die Rechnung unter Abzug von 2 % Skonto.

Wie lauten die Buchungen bei X und beim Veräußerer im Zeitpunkt der Zahlung?

Bitte noch einmal die Buchungssätze bei **Fall 65** ansehen!

Buchung beim Erwerber X:

Verbindlichkeiten	11.600	an	Bank	11.368
aus L. u. L.			an Erhaltene Skonti	200
			an VorSt	32

Der bei der Zahlung abgezogene Skontobetrag von 232 € ist in den Teil zu **zerlegen**, der auf den Warenwert entfällt (232 € : 1,16 = 200 €), und den Teil, der auf die **Vorsteuerkorrektur** entfällt (232 € - 200 € = 32 €).

Buchung beim Veräußerer:

Bank	11.368	an	Forderungen	11.600
Gewährte Skonti	200		aus L. u. L.	
USt	32			

Auch hier ist der bei der Zahlung abgezogene Skontobetrag von 232 € in den Erlösanteil (200 €) und den **Umsatzsteuerkorrekturanteil** (32 €) zu zerlegen. Die zuvor gebuchte USt (1.600 €) ist folglich zu berichtigen.

1.5.3 Boni

Boni sind Preisnachlässe, die gewährt werden, wenn die Gesamthöhe der getätigten Einkäufe in einer Periode einen bestimmten Wert erreichen. Erhaltene Boni (= Lieferantenboni) stellen gemäß § 255 Abs. 1 S. 3 HGB eine Minderung der Anschaffungskosten dar. Gewährte Boni (= Kundenboni) mindern die Erlöse des Verkäufers. In der doppelten Buchführung werden Boni wie Skonti behandelt. Sie werden erst bei ihrer Gewährung auf Unterkonten gebucht (Erhaltene Boni/Gewährte Boni) und am Ende des Jahres über das Wareneinkaufskonto beziehungsweise das Warenverkaufskonto abgeschlossen.

2 Buchung des Warenverkehrs in Handelsunternehmen

Bei allen Unternehmen, deren Tätigkeit auf den Handel mit Gütern ausgerichtet ist, besitzt das Warenkonto besondere Bedeutung. Natürlich kaufen auch Produktions- und Dienstleistungsunternehmen Waren. Dann werden sie allerdings als Vorräte bezeichnet, die später in den Produktions- bzw. Dienstleistungserstellungsprozess eingehen.

Bei Buchungen auf dem Warenkonto ist zu beachten, dass Anfangsbestände und Wareneinkäufe mit den Anschaffungskosten (= Einstandspreisen) zu bewerten sind. Warenverkäufe dagegen werden mit ihren Verkaufspreisen bewertet. Da die Anschaffungskosten i. d. R. unter dem Verkaufspreis liegen, ist die gleiche Warenmenge mit unterschiedlichen Beträgen zu buchen. Aufgrund dieser Besonderheit werden die Warenbestände und Warenverkäufe nur selten in einem Konto (= **gemischtes Warenkonto**), sondern vielmehr in **getrennten Warenkonten** (Warenbestands- und Warenverkaufskonto) gebucht.

2.1 Das gemischte Warenkonto

Das gemischte Warenkonto, auch einheitliches Warenkonto genannt, erfasst den Anfangsbestand und die Zugänge an Waren auf der Sollseite zu Einkaufspreisen. Auf der Habenseite des Kontos wird der Warenverkauf zu Verkaufspreisen gebucht. Der Endbestand an Waren, der in der Inventur ermittelt wird, wird ebenfalls zum Einkaufspreis im Haben gebucht. Aufgrund der unterschiedlichen Bewertung ist das gemischte Warenkonto zu diesem Zeitpunkt nicht ausgeglichen. Ist der Verkaufspreis höher als der Einkaufspreis, so entsteht auf der Sollseite ein Saldo. Dieser Saldo gibt die Höhe des **Warenrohgewinns** an.

▮▮▮ Fall 66

Einzelhändler X hat einen Warenanfangsbestand von 100 Pullovern à 50 €. Die Zugänge an Waren betragen 50 Pullover à 50 €. X verkauft 125 Pullover à 100 €. Der Endbestand an Pullovern beträgt laut Inventur 25 Pullover.

Wie sieht das gemischte Warenkonto aus?

S		Gemischtes Warenkonto		H
AB (EBK)	5.000	Warenverkäufe		12.500
Wareneinkäufe	2.500	EB (SBK)		1.250
Warenrohgewinn	6.250			
	13.750			13.750

Das gemischte Warenkonto weist, wie das Eigenkapitalkonto, sowohl Züge eines **Bestandskontos** als auch Merkmale eines **Erfolgskontos** auf. Der durch Inventur ermittelte Endbestand geht über das Schlussbilanzkonto in die Schlussbilanz ein. Der Warenrohgewinn wird als Ertragsbestandteil im GuV-Konto gegengebucht. Die Problematik des gemischten Warenkontos, dass auf ihm mit unterschiedlichen Preisen (= Einkaufspreise und Verkaufspreise) gebucht wird, wird durch getrennte Warenkonten vermieden.

2.2 Die getrennten Warenkonten

Die Nachteile des gemischten Warenkontos können vermieden werden, indem das Warenkonto in ein **Wareneinkaufskonto (= Warenbestandskonto)** und ein **Warenverkaufskonto (= Warenerfolgskonto)** zerlegt wird. Der Warenverkauf, bewertet zu Verkaufspreisen (= Umsatz), wird auf dem Warenverkaufskonto (WVK) im Haben gebucht. Da es sich um ein Erfolgskonto (genauer: Ertragskonto) handelt, wird es über das GuV-Konto abgeschlossen.

Das Wareneinkaufskonto (WEK) ist ein aktives Bestandskonto. Es übernimmt auf der Sollseite zunächst den Anfangsbestand zum Einkaufspreis zu Beginn einer Periode und sodann alle Wareneinkäufe zu Einkaufspreisen während einer Periode. Der durch Inventur ermittelte Endbestand zu Einkaufspreisen wird im Haben gebucht und auf der Sollseite des Schlussbilanzkontos gegengebucht. Nach der Buchung des Endbestands ergibt sich im Haben ein Saldo. Hierbei handelt es sich um den zu Anschaffungskosten bewerteten Warenabgang. Er wird als **Wareneinsatz** bezeichnet.

> Der Wareneinsatz (zu Einkaufspreisen bewertet) stellt den Aufwand für die während der Abrechnungsperiode verkauften Waren dar.

Die Buchung des Wareneinsatzes kann nach der Brutto- oder der Nettomethode erfolgen.

2.2.1 Die Anwendung der Bruttomethode

Bei Anwendung der **Bruttomethode** werden sowohl der Saldo des Wareneinkaufskontos, dies ist der Wareneinsatz, als auch der Saldo des Warenverkaufskontos, dies sind die Warenverkäufe, direkt über das GuV-Konto abgeschlossen.

▬▬ Fall 67

Einzelhändler X aus **Fall 66** bevorzugt nunmehr getrennte Warenkonten.

Wie sehen diese aus?

Wie lauten die Buchungssätze für den Abschluss der Warenkonten unter Anwendung der Bruttomethode?

S	Wareneinkaufskonto (WEK)		H
AB (EBK)	5.000	Wareneinsatz (Saldo)	6.250
Wareneinkäufe	2.500	EB (SBK)	1.250
	7.500		7.500

S	Warenverkaufskonto (WVK)		H
Warenumsatz (Saldo)	12.500	Warenverkäufe	12.500
	12.500		12.500

S	GuV-Konto		H
Wareneinsatz (= Aufwand)	6.250	Warenumsatz (= Ertrag)	12.500
Jahresüberschuss (Saldo)	6.250		
	12.500		12.500

Die Buchungssätze lauten:

SBK	1.250	an	WEK	1.250
GuV-Konto	6.250	an	WEK	6.250
WVK	12.500	an	GuV-Konto	12.500

Der Vorteil der Bruttomethode besteht eindeutig darin, dass sowohl der Wareneinsatz als auch der Warenumsatz aus dem GuV-Konto ersichtlich ist. Weiterhin wird aus dem GuV-Konto der Jahresüberschuss als Saldo zwischen Warenumsatz und Wareneinsatz sowie der Gewinnaufschlag deutlich. Diese Vorteile der Bruttomethode werden in der betrieblichen Praxis noch dadurch vergrößert, dass verschiedene Wareneinkaufs- und Warenverkaufskonten eingerichtet werden. Damit wird es dem Unternehmen ermöglicht, den Warenumsatz beispielsweise nach Produkten, Produktgruppen, Kunden oder Absatzgebieten aufzuspalten, um somit den (internen) **Informationswert der doppelten Buchführung** für Dispositionszwecke erheblich zu steigern.

2.2.2 Die Anwendung der Nettomethode

Bei Anwendung der **Nettomethode** wird der Saldo des Wareneinkaufskontos, also der Wareneinsatz nach Buchung des Endbestands über das Schlussbilanzkonto, auf der Sollseite des Warenverkaufskontos gegengebucht! In einem zweiten Schritt wird der Saldo des Warenverkaufskontos über das Gewinn- und Verlustkonto abgeschlossen. Der Warenrohgewinn, der direkt in der GuV erscheint, entspricht in diesem Fall dem Saldo des Warenverkaufskontos.

▰▰▰ Fall 68

Einzelhändler X aus **Fall 66** bevorzugt die Nettomethode.

Wie sehen jetzt die getrennten Warenkonten aus?

Wie lauten die Buchungssätze für den Abschluss der Warenkonten unter Anwendung der Nettomethode?

Die Buchungssätze lauten:

SBK	1.250	an	WEK	1.250
WVK	6.250	an	WEK	6.250
WVK	6.250	an	GuV-Konto	6.250

Am WEK ändert sich nichts, sehr wohl aber am WVK:

S	Wareneinkaufskonto (WEK)		H
AB (EBK)	5.000	Wareneinsatz (Saldo)	6.250
Wareneinkäufe	2.500	EB (SBK)	1.250
	7.500		7.500

S	Warenverkaufskonto (WVK)		H
Wareneinsatz (= Aufwand)	6.250	Warenverkäufe (= Ertrag)	12.500
Warenrohgewinn (= Saldo)	6.250		
	12.500		12.500

S	GuV-Konto		H
Jahresüberschuss (= Saldo)	6.250	Warenrohgewinn	6.250
	6.250		6.250

Bei Anwendung der Nettomethode erscheint im GuV-Konto nur der Warenrohgewinn. Die Bruttomethode ist damit für den internen als auch für den externen Leser informativer, denn sie zeigt im GuV-Konto das Zustandekommen des Jahresüberschusses. Daher sind große Kapitalgesellschaften i.S.d. § 267 Abs. 2 und 3 HGB gemäß §§ 276 S. 1 HGB i.V.m. 275 HGB zur Anwendung der Bruttomethode verpflichtet.

2.3 Rücksendungen im Warenverkehr

Beim Ein- und Verkauf von Handelswaren kommt es ständig vor, dass Handelswaren aus den verschiedensten Gründen an Lieferanten beziehungsweise von Kunden zurückgegeben werden. Im Fall einer Rücksendung an den Lieferanten (= Lieferantenretoure), beispielsweise wegen einer Falschlieferung oder einer Lieferung mangelhafter Handelswaren, vermindern sich die Anschaffungskosten der bezogenen Waren, die Vorsteuer sowie die Verbindlichkeiten aus Lieferungen und Leistungen gegenüber diesem Lieferanten, sofern der Kunde noch nicht gezahlt hat.

Fall 69

Einzelhändler X erhält mangelhafte Handelswaren vom Hersteller Y, die er unverzüglich an diesen zurückschickt (Netto-Einstandspreis 30.000 € zuzüglich 16 % USt). Die Handelswaren sind von X noch nicht bezahlt.

Wie bucht X?

Bei Lieferung:

WEK	30.000			
VorSt	4.800	an	Verbindlichkeiten	34.800
			aus L. u. L.	

Bei Rückgabe:

Verbindlichkeiten	34.800	an	WEK	30.000
aus L. u. L.				
		an	VorSt	4.800

Sendet oder bringt ein Kunde bereits erhaltene, aber noch nicht bezahlte Handelswaren zurück (= Kundenretoure), so ist dies für den Lieferanten kein Einkauf, sondern eine Korrektur der Warenverkäufe. Demzufolge müssen das Warenverkaufskonto und die in Rechnung gestellte USt jeweils auf der Sollseite des Kontos korrigiert werden. Die Gegenbuchung ist auf dem Konto Forderungen aus Lieferungen und Leistungen vorzunehmen.

Fall 70

Einzelhändler X erhält von einem Stammkunden Handelswaren mit Fabrikationsfehlern zurück: 1.000 € netto. Die Handelswaren waren noch nicht bezahlt.

Wie bucht X?

Bei Lieferung:

Forderungen	1.160	an	WVK	1.000
aus L. u. L.		an	USt	160

Bei Rückgabe kehrt sich der Buchungssatz schlicht um.

Lektion 8
Herstellungskosten

1 Die Herstellungskosten gemäß § 255 Abs. 2 HGB

Die Herstellungskosten sind der Wertmaßstab für alle vom Unternehmen ganz oder teilweise selbst hergestellten Vermögensgegenstände, die am Bilanzstichtag noch vorhanden sind. Hierzu gehören insbesondere die eigenbetrieblich genutzten selbsterstellten Anlagen (= Gebäude, Maschinen, Fahrzeuge etc.) sowie die unfertigen und fertigen Erzeugnisse. Der Gesetzgeber definiert in § 255 Abs. 2 S. 1 HGB rechtsformunabhängig die Herstellungskosten als die Aufwendungen (er meint wieder Ausgaben), die durch den Verbrauch von Gütern und die Inanspruchnahme von Diensten für die Herstellung eines Vermögensgegenstandes, seine Erweiterung oder für eine über seinen ursprünglichen Zustand hinausgehende wesentliche Verbesserung entstehen.

Handelsrechtlich aktivierungspflichtig sind nicht alle Ausgabenbestandteile, die bei der Herstellung des Vermögensgegenstandes anfallen. Vielmehr besteht für bestimmte Ausgabenarten eine Aktivierungspflicht und für andere ein Aktivierungswahlrecht. Das Schema der einbeziehungspflichtigen und einbeziehungsfähigen Bestandteile der Herstellungskosten gemäß § 255 Abs. 2 HGB sieht wie folgt aus:

Übersicht 16

Bestandteile der Herstellungskosten gemäß § 255 Abs. 2 HGB	Herstellungseinzelkosten	Herstellungsgemeinkosten	Keine Herstellungskosten
Materialeinzelkosten	Pflicht		
Fertigungseinzelkosten	Pflicht		
Sondereinzelkosten der Fertigung	Pflicht		
Materialgemeinkosten		Wahlrecht	

Fertigungsgemein-kosten		Wahlrecht
Wertverzehr des Anlagevermögens		Wahlrecht
Kosten der allgemeinen Verwaltung		Wahlrecht
Aufwendungen für soziale Einrichtungen des Betriebes		Wahlrecht
Aufwendungen für freiwillige soziale Leistungen		Wahlrecht
Aufwendungen für betriebliche Altersver-sorgung		Wahlrecht
Vertriebskosten		Verbot

Wenn der Gesetzgeber permanent und wider besseren Wissens von Kosten anstatt von Ausgaben spricht, sehen wir ihm dies nach, denn er hat – anders als Sie – nicht „Rechnungswesen – *leicht gemacht*" lesen können.

1.1 Die Einzelkosten als Pflichtbestandteile

Zu den Herstellungskosten gehören gemäß § 255 Abs. 2 S. 2 HGB mindestens die Einzelkosten. Einzelkosten sind Ausgaben, die dem hergestellten Vermögensgegenstand direkt zugerechnet werden können. So umfassen die Materialeinzelkosten den Verbrauch an Roh- und Hilfsstoffen und die Verarbeitung fremdbezogener Teilerzeugnisse. Zu den Fertigungseinzelkosten gehören insbesondere die Fertigungslöhne, also die aufgewendeten Bruttoarbeitsentgelte, die gesetzlichen Arbeitgeberanteile zur Sozialversicherung und sonstige gesetzliche und tarifliche Sozialaufwendungen wie beispielsweise Urlaubs- oder Weihnachtsgelder.

Die Sondereinzelkosten der Fertigung umfassen schließlich die Kosten für Modelle, Schablonen, Spezialwerkzeuge oder Lizenzgebühren.

▬▬ Fall 71

Die X-GmbH erstellt mit eigenem Personal eine Garage für die betrieblich genutzten Kraftfahrzeuge. Laut Materialentnahmescheinen und Lohnzettel sind 50.000 € Materialeinzelkosten, 20.000 € Fertigungseinzelkosten und 5.000 € Sondereinzelkosten der Fertigung angefallen.

Wie hoch ist der Mindestumfang (=Wertuntergrenze) der Herstellungskosten der eigenbetrieblich genutzten Garage?

Materialeinzelkosten	50.000 €
+ Fertigungseinzelkosten	20.000 €
+ Sondereinzelkosten der Fertigung	5.000 €
= Handelsrechtliche Wertuntergrenze	75.000 €

1.2 Die Gemeinkosten als Wahlbestandteile

Die Wertobergrenze der Herstellungskosten ergibt sich aus der Summe der mindestens zu aktivierenden Einzelkosten (= Pflichtbestandteile) und der Wahlbestandteile (= Gemeinkosten) gemäß § 255 Abs. 2 Sätze 3, 4 und 5 HGB. Gemeinkosten sind Ausgaben, die dem hergestellten Vermögensgegenstand nur zugeschlüsselt werden können. Sie werden nicht nur von diesem einen hergestellten Vermögensgegenstand verursacht, sondern auch von anderen hergestellten Vermögensgegenständen. Traditionell werden die Gemeinkosten indirekt mit Hilfe von Zuschlagssätzen, die in der Kosten- und Leistungsrechnung ermittelt und in die Buchführung übernommen werden (Sie erinnern sich an Lektion 2?), dem hergestellten Vermögensgegenstand zugerechnet.

Unter den Materialgemeinkosten versteht man die Ausgaben, die mit dem Einkauf, der Lagerung und Wartung der Materialien im Zusammenhang stehen. Hierzu gehören insbesondere Ausgaben für die Warenannahme und Werkstoffprüfung, die Lagerung, Wartung und Bewachung der Materialien sowie Ausgaben für den innerbetrieblichen Transport.

Fertigungsgemeinkosten sind die im Fertigungsbereich anfallenden Gemeinkosten, wie beispielsweise Ausgaben für Brennstoffe und Energie, Instandhaltungsausgaben für die Fertigungsanlagen, Ausgaben für die Arbeitsvorbereitung und Werkstattverwaltung oder die Meistergehälter.

Unter dem **Wertverzehr des Anlagevermögens** versteht der Gesetzgeber die planmäßigen Abschreibungen gemäß § 253 Abs. 2 S. 1 HGB. Diese dürfen dann in Ansatz gebracht werden, wenn sie durch die Fertigung veranlasst sind und gemäß § 255 Abs. 2 S. 5 HGB auf den Zeitraum der Herstellung entfallen. Außerplanmäßige Abschreibungen gemäß § 253 Abs. 2 S. 3 HGB gehören nicht zu den Herstellungskosten. Zu den Abschreibungen kommen wir aber erst in den Lektionen 9 und 10. Freuen Sie sich darauf.

§ 255 Abs. 2 S. 4 HGB regelt weiterhin, dass **Kosten der allgemeinen Verwaltung** nicht in die Herstellungskosten einbezogen werden müssen, aber einbezogen werden dürfen (= **Umkehrschluss**). Hierzu gehören Ausgaben für die Geschäftsleitung oder Ausgaben in den Kostenstellen Finanzen, Controlling, Steuern, Recht, Personal, EDV sowie für übergreifende Unternehmensbereiche wie Telefonzentrale, Werkschutz und Feuerwehr.

Weiterhin nicht in die Herstellungskosten einbezogen zu werden brauchen **Ausgaben für soziale Einrichtungen des Betriebs** (Kantine, Werksbibliothek, Kindergarten), die **Ausgaben für freiwillige soziale Leistungen** (Jubiläumszahlungen, Wohnungsbeihilfen, Weihnachtszuwendungen, Kurzuschüsse) und **Ausgaben für die betriebliche Altersversorgung** (Direktversicherungen, Zuwendungen an Unterstützungskassen).

§ 255 Abs. 3 S. 1 HGB sieht vor, dass **Zinsen für Fremdkapital** nicht zu den Herstellungskosten gehören. Das ist auch sachgerecht, da Sie in der vorhergehenden Lektion gelernt haben, dass der Anschaffungsvorgang von seiner Finanzierung gedanklich getrennt wird. Finanzierungsausgaben gehören also nicht zu den Anschaffungskosten. Gleiches gilt eigentlich auch für die Herstellungskosten. Allerdings wird sich der Gesetzgeber untreu und gestattet ausnahmsweise eine **Bewertungshilfe**. Fremdkapitalzinsen dürfen nämlich gemäß § 255 Abs. 3 S. 2 HGB angesetzt werden, soweit das in Anspruch genommene Fremdkapital zur Finanzierung der Herstellungskosten eines Vermögensgegenstands verwendet wird und die Zinsen auf den Zeitraum der Herstellung entfallen.

Merken Sie sich bitte: Finanzierungsausgaben gehören gemäß § 255 Abs. 3 S. 1 HGB nicht zu den Herstellungskosten. Sie dürfen aber dennoch unter den Voraussetzungen des § 255 Abs. 3 S. 2 HGB als Teil der Herstellungskosten aktiviert werden.

▰▰ Fall 72

Die Y-AG produziert Fertighäuser. Diese werden durch Vertreter, die auf Provisionsbasis arbeiten, vertrieben. Vertreter Redlich macht mit Familie Neubau einen Kaufvertrag perfekt und erhält von der Y-AG hierfür 5.000 € Provision. Anschließend wird das Haus von der Y-AG hergestellt.

Stellt die Provision Einzel- oder Gemeinkosten dar?

Gehört sie zu den Herstellungskosten?

Es sind eindeutig Einzelkosten, da die Provision allein durch den Vertrieb des Fertighauses verursacht wurde. § 255 Abs. 2 S. 6 HGB schreibt aber ausdrücklich vor, dass **Vertriebskosten** nicht in die Herstellungskosten einbezogen werden dürfen. Hierzu gehören sowohl die Vertriebseinzel- und -gemeinkosten als auch die Sondereinzelkosten des Vertriebs, wie z. B. Ausgaben für spezielle Außenverpackungen, Sonderprovisionen an Dritte oder Ausfuhrkreditversicherungen.

Merken Sie sich einfach: Um einen Vermögensgegenstand herzustellen, muss ich ihn nicht verkaufen! Daher gehören Vertriebskosten auch nicht zu den Herstellungskosten.

▰▰ Fall 73

Bei der X-GmbH (siehe **Fall 71**) fallen weiterhin folgende Gemeinkosten für die Herstellung der Garage an:
- Materialgemeinkosten:　　　　　　　　10 % der Materialeinzelkosten
- Fertigungsgemeinkosten:　　　　　100 % der Fertigungseinzelkosten
- Wertverzehr der Produktionsanlagen:　　　　　　　　　5.000 €
- Kosten der allgemeinen Verwaltung:　　　　　　　　　10.000 €

Wie lautet die **handelsrechtliche Wertobergrenze** der Herstellungskosten der eigenbetrieblich genutzten Garage?

Materialeinzelkosten	50.000 €
+ Materialgemeinkosten (10 % von 50.000)	5.000 €
+ Fertigungseinzelkosten	20.000 €
+ Fertigungsgemeinkosten (100 % von 20.000)	20.000 €
+ Wertverzehr der Produktionsanlagen	5.000 €
+ Sonderzeinzelkosten der Fertigung	5.000 €
+ Kosten der allgemeinen Verwaltung	10.000 €
= Handelsrechtliche Wertobergrenze	115.000 €

Dem deutschen Bilanzrecht wird insbesondere aus dem angloamerikanischen Bereich (u. E. zu Recht) vorgehalten, dass das Einbeziehungswahlrecht für die Gemeinkosten einen zu großen Spielraum für die Bilanzpolitik des Managements lässt. Dagegen schreibt IAS 2 vor, dass nicht nur für die in Übersicht 16 genannten Pflichtbestandteile eine Einbeziehungspflicht besteht, sondern auch für die Fertigungs- und Materialgemeinkosten sowie die herstellungsbezogenen Verwaltungsgemeinkosten. Fremdkapitalzinsen dürfen wie nach § 255 Abs. 3 HGB berücksichtigt werden. Alle anderen Ausgaben sind nicht Bestandteile der Herstellungskosten nach IAS/IFRS. Damit sind die Herstellungskosten ein weiteres Beispiel für die Aussage in Lektion 5, dass in Jahresabschlüssen nach den IAS/IFRS die Gewinne tendenziell früher ausgewiesen werden als nach HGB.

2 Buchung der Halb- und Fertigfabrikate in Industrieunternehmen

Im Handelsbetrieb werden Handelswaren eingekauft, zwischengelagert und ohne weitere Bearbeitung zu einem – hoffentlich – über dem Einstandspreis liegenden Verkaufspreis weiter veräußert (siehe Lektion 7). Erst dadurch wird der Warenrohgewinn realisiert.

Im Mittelpunkt des Industriebetriebes steht dagegen der Produktionsprozess, also die Kombination und Transformation der am Beschaffungsmarkt erworbenen Roh-, Hilfs- und Betriebsstoffe (= RHB), Arbeitsleistungen sowie der bezogenen Fertigteile zu Fertigfabrikaten (= fertige Erzeugnisse). Der Produktionsprozess kann ein- oder mehrstufig verlaufen. Bei einem einstufigen Produktionsprozess wird in einem einzigen Arbeitsgang aus den Produktionsfaktoren das marktgängige Endprodukt erstellt. In einem **mehrstufigen** Produktionsprozess existieren mindestens zwei Fertigungsstufen mit entsprechenden Zwischenlagern. Dabei werden in der ersten Stufe die Produktionsfaktoren zunächst zu **Halbfabrikaten** (= unfertige Erzeugnisse uE) verarbeitet. Auf der letzten Produktionsstufe werden die **Fertigfabrikate** (= fertige Erzeugnisse fE) hergestellt.

▆▆ Fall 74

Die Stuhl-GmbH produziert 100 Stühle im Geschäftsjahr 01. Die durch die Herstellung verursachten Ausgaben betragen für jeden produzierten Stuhl 100 €. Die Stuhl-GmbH verkauft und liefert 60 Stühle à 250 € (netto). Die restlichen 40 Stühle werden im Geschäftsjahr 02 à 250 € (netto) verkauft. Der Chefcontroller erstellt für die Geschäftsjahre 01 und 02 folgende zwei GuV. Überlegen Sie, in welchem Geschäftsjahr welcher Erfolg entstanden ist und daher ausgewiesen werden sollte.

S	Falsche GuV 01 (in €)		H
Herstellungsaufwand 10.000	Umsatzerlöse		15.000
Jahresüberschuss 5.000			
15.000			15.000

S	Falsche GuV 02 (in €)		H
Herstellungsaufwand 0	Umsatzerlöse		10.000
Jahresüberschuss 10.000			
10.000			10.000

Vorbemerkung: Man sollte den Controller darauf hinweisen, dass die GmbH keine GuV in Kontoform erstellen darf, sondern die Staffelform anwenden muss.

Sie erinnern sich doch noch daran, oder?

Falls nicht: Schlagen Sie bitte nochmals in § 275 Abs. 1 S. 1 HGB nach.

„Ich hab´ ja auch die GuV-Konten gemeint." Wird er mürrisch erwidern.

Nun aber zur Antwort: Die GuV 01 sollte eigentlich einen Gewinn von 9.000 € ausweisen und die des Geschäftsjahres 02 entsprechend einen von 6.000 €. Wenn Sie nicht von allein auf diese Ergebnisse gekommen sind, sollten Sie jetzt sehr genau weiterlesen.

Wäre die Stuhl-GmbH kein Industrie-, sondern ein Handelsunternehmen, müsste Ihnen die Lösung bekannt sein. Die gekauften 100 Stühle wären zunächst mit den Anschaffungskosten zu aktivieren. Die verkauften Stühle wären Abgänge beim Warenbestand. Die GuV würde den Warenverkauf (verkaufte Stühle mit den Verkaufspreisen bewertet) und den Wareneinsatz (verkaufte Stühle mit den Anschaffungskosten bewertet) ausweisen. Es ergäbe sich in 01 ein Jahresüberschuss von 9.000 €. In 02 würden die letzten 40 Stühle als Abgänge beim Warenbestand gebucht werden. Die GuV würde den Warenverkauf und den Wareneinsatz ausweisen. Es ergäbe sich ein Jahresüberschuss von 6.000 €.

Ist Ihnen das ganz klar?

Gut! Die gleiche Periodisierung muss auch in einem Industrieunternehmen gelten. Die GuV 01 ist falsch, weil den Umsätzen aus den verkauften 60 Stühlen die kompletten Herstellungsausgaben für 100 Stühle gegenübergestellt wurden. Der ausgewiesene Jahresüberschuss ist daher zu gering. Die GuV 02 ist damit ebenfalls falsch. Den Umsatzerlösen aus dem Verkauf von 40 Stühlen stehen keine Aufwendungen gegenüber; der Jahresüberschuss ist daher zu hoch ausgewiesen.

Wie kann man nun aber aus den beiden falschen GuV richtige zaubern?

Haben Sie etwas Geduld.

2.1 Buchung bei einstufigen Produktionsprozessen nach dem Gesamtkostenverfahren

Sind in einem Handelsbetrieb am Ende des Geschäftsjahres noch Warenbestände vorhanden, so werden diese in der Bilanz mit ihren Anschaffungskosten (siehe Lektion 7) bewertet. Demgegenüber sind die Zugänge und Bestände an selbsterstellten Erzeugnissen mit den Herstellungskosten zu bewerten. Die in einer Periode hergestellten (x_p) und abgesetzten Vermögensgegenstände (x_a) können sich wie folgt zueinander verhalten:

$x_p = x_a$ (Lagerbestand bleibt **unverändert**);
$x_p > x_a$ (Lagerbestand **erhöht sich**);
$x_p < x_a$ (Lagerbestand **nimmt ab**).

▉▉▉ Fall 75

Die Stuhl-GmbH produziert und verkauft wieder Holzstühle. In diesem Zusammenhang erhält sie für 20.000 € (netto) Rohstoffe und für 2.000 € (netto) Hilfsstoffe geliefert. Die GmbH bezahlt durch Banküberweisung. Laut Materialentnahmescheinen gehen Rohstoffe im Wert von 10.000 € und Hilfsstoffe im Wert von 1.000 € in die Produktion ein. Fertigungs-löhne in Höhe von 5.000 € laut Lohnzettel werden per Banküberweisung bezahlt. Alle produzierten Holzstühle werden für 29.000 € (brutto) auf Ziel verkauft und ausgeliefert. Der Lagerbestand bleibt somit unverändert ($x_p = x_a$). Bilden Sie die Buchungssätze!

Wie sieht das GuV-Konto aus?

Bei Lieferung der Produktionsfaktoren:

Rohstoffe	20.000			
VorSt	3.200			
Hilfsstoffe	2.000			
VorSt	320	an	Bank	25.520

Bei Herstellung der Fertigfabrikate:

Rohstoffaufwand	10.000	an	Rohstoffe	10.000
Hilfsstoffaufwand	1.000	an	Hilfsstoffe	1.000
Fertigungslöhne	5.000	an	Bank	5.000

Bei Lieferung an den Kunden:

Forderungen	29.000	an	Umsatzerlöse	25.000
		an	USt	4.000

S		GuV-Konto	H
Rohstoffaufwand	10.000	Umsatzerlöse	25.000
Hilfsstoffaufwand	1.000		
Fertigungslöhne	5.000		
Jahresüberschuss	9.000		
	25.000		25.000

Im GuV-Konto erscheint bei diesem einfachen Beispiel der mit der Herstellung verbundene Aufwand der verkauften und gelieferten Produkte auf der Sollseite. Die Umsatzerlöse werden als Ertrag im Haben ausgewiesen. Der Erfolg der Stuhl-GmbH entspricht dem Saldo aus Umsatzerlösen und Aufwendungen. Dies entspricht dem Warenrohgewinn bei Handelsunternehmen.

Man bezeichnet diese Darstellungsform der GuV auch als das **Gesamtkostenverfahren (GKV)**, weil die Kosten (gemeint sind wieder Ausgaben) **aller in der Periode hergestellten** Vermögensgegenstände in der GuV als Aufwand abgebildet werden!

Erhöht sich der Lagerbestand in einer Periode, weil mehr Fertigerzeugnisse produziert als veräußert wurden ($x_p > x_a$), so werden die Bestandserhöhungen auf dem Konto Bestandsveränderungen (hier Mehrbestand) im Haben erfasst. Das Konto Bestandsveränderungen wird über das GuV-Konto abgeschlossen und bewirkt, dass der Erfolgsausweis in der GuV korrigiert wird. Bei Anwendung des Gesamtkostenverfahrens weist nämlich das GuV-Konto die gesamten Herstellungsausgaben nach Aufwandsarten gegliedert aus. Dies erfolgt unabhängig davon, ob die hergestellten Produkte, für die die Ausgaben entstanden sind, in der jeweiligen Periode auch abgesetzt wurden. Es ist daher notwendig, dass die Erträge an das Mengengerüst der Aufwendungen angepasst werden, da sonst das Jahresergebnis in Höhe des auf die noch nicht abgesetzten Produkte entfallenden Aufwands zu niedrig ausgewiesen werden würde. Durch das Konto Bestandsveränderungen wird der korrespondierende Wertzuwachs in der GuV als Ertrag erfasst.

▨▨ Fall 76

Die Stuhl-GmbH hat einen Lagerbestand an Holzstühlen am Jahresanfang von 100 Stühlen à 100 €. Im Laufe des Geschäftsjahres werden 50 Stühle à 100 € produziert und 30 Stühle für 250 € (netto) verkauft und auf Ziel geliefert.

Wie lauten die entsprechenden Buchungssätze (ohne USt)?

Anfangsbestand des T-Kontos Stühle:

Stühle	10.000	an	EBK	10.000

Herstellung von 50 neuen Stühlen:

Aufwand	5.000	an	RHB	5.000

Verkauf und Lieferung von 30 Stühlen:

Forderungen	7.500	an	Umsatzerlöse	7.500

Abschluss des T-Kontos Stühle:

Stühle	2.000	an	Bestandsveränderungen	2.000
SBK	12.000	an	Stühle	12.000

Abschluss der Erfolgskonten:

Bestands-veränderungen	2.000	an	GuV-Konto	2.000
GuV-Konto	5.000	an	Aufwand	5.000
Umsatzerlöse	7.500	an	GuV-Konto	7.500

Der Saldo des GuV-Kontos (4.500 €) stellt dann den Jahresüberschuss dar. Die Buchung der Bestandserhöhung im Haben des GuV-Kontos bewirkt, dass derjenige Teil des Aufwands neutralisiert wird, der für die noch nicht verkauften und gelieferten Holzstühle aufgewendet wurde.

Vermindert sich der Lagerbestand in einer Periode, weil mehr Fertigerzeugnisse verkauft als produziert wurden ($x_p < x_a$), so werden die Bestandsminderungen auf dem Konto Bestandsveränderungen (hier Bestandsminderung) im Soll erfasst und über die Sollseite des GuV-Kontos abgeschlossen.

▌ Fall 77

Die Stuhl-GmbH hat wieder einen Lagerbestand an Holzstühlen am Jahresanfang von 100 Stühlen à 100 €. Im Laufe des Geschäftsjahres werden 50 Stühle à 100 € produziert und 100 Stühle für 250 € (netto) verkauft und auf Ziel geliefert. Wie lauten die entsprechenden Buchungssätze (ohne USt)?

Anfangsbestand des T-Kontos Stühle:

Stühle	10.000	an	EBK	10.000

Herstellung von 50 neuen Stühlen:

Aufwand	5.000	an	RHB	5.000

Verkauf und Lieferung von 100 Stühlen:

Forderungen	25.000	an	Umsatzerlöse	25.000

Abschluss des T-Kontos Stühle:

SBK	5.000	an	Stühle	5.000
Bestands- veränderungen	5.000	an	Stühle	5.000

Abschluss der Erfolgskonten:

GuV-Konto	5.000	an	Bestandsveränderungen	5.000
GuV-Konto	5.000	an	Aufwand	5.000
Umsatzerlöse	25.000	an	GuV-Konto	25.000

Beim Abschluss der Erfolgskonten stehen im GuV-Konto im Soll die mit der Produktion der Stühle verbundenen Aufwendungen in Höhe von 5.000 € sowie ein Aufwand in Höhe der wertmäßigen Bestandsminderung bei den Stühlen in Höhe von weiteren 5.000 € den Erträgen der gesamten Absatzmenge in Höhe von 25.000 € im Haben gegenüber.

> Die Parallele zum Erfolgsausweis des Handelsbetriebes wird deutlich: Im Handelsbetrieb stellt der Wareneinsatz den Aufwand dar; im Industriebetrieb ist es – neben den „normalen" Aufwandsarten – die Bestandsminderung (Bitte gleich noch einmal WEK, WVK, Brutto- und Nettomethode im Handelsbetrieb nachlesen).

Wenn Sie nun noch einen Blick in § 275 Abs. 2 HGB werfen, werden Sie dort die Bestandsveränderungen finden und die Gliederung der GuV nach Aufwandsarten erkennen.

Zurück zu Fall 74: Sind Sie nun in der Lage, die GuV-Konten für die Jahre 01 und 02 nach dem Gesamtkostenverfahren zu skizzieren?

S GuV-Konto 01 nach dem Gesamtkostenverfahren (in €)		H	
Material und Personalaufwand	10.000	Umsatzerlöse	15.000
Jahresüberschuss	9.000	Bestandsveränderungen	4.000
	19.000		19.000

S GuV-Konto 02 nach dem Gesamtkostenverfahren (in €)		H	
Material und Personalaufwand	0	Umsatzerlöse	10.000
Bestands- veränderungen	4.000		
Jahresüberschuss	6.000		
	10.000		10.000

2.2 Buchung bei einstufigen Produktionsprozessen nach dem Umsatzkostenverfahren

Die Erstellung der GuV kann auch nach dem international üblichen Umsatzkostenverfahren (UKV) erfolgen. Bei diesem Verfahren werden den Umsatzerlösen nur die Herstellungskosten (= Herstellungsaufwand) der zur Erzielung der Umsatzerlöse erbrachten Leistungen gegenübergestellt. Die Herstellung der noch nicht verkauften Fertigfabrikate wird erfolgsneutral behandelt. Erfolgswirksame Buchungen finden erst bei der Auslieferung der Fertigfabrikate statt. So werden die Umsatzerlöse bei Lieferung als Ertrag gebucht. Dem stehen als Aufwand die Herstellungsaufwendungen der zur Erzielung der Umsatzerlöse erbrachten Leistungen, die dem Abgang an Fertigfabrikaten aus der Bilanz entsprechen, gegenüber.

▦ Fall 78

Die uns inzwischen gut bekannte Stuhl-GmbH hat am Jahresanfang einen Anfangsbestand von 50 Holzstühlen à 100 €. Im Laufe des Geschäftsjahres werden weitere 100 Stühle produziert. Die Produktionsausgaben für jeden produzierten Stuhl betragen 100 €. Die Stuhl-GmbH verkauft und liefert 60 Stühle à 250 € (netto).

Wie lauten die entsprechenden Buchungssätze (ohne USt), wenn die Stuhl-GmbH nunmehr das Umsatzkostenverfahren bevorzugt?

Wie sieht das Kontenbild aus?

Anfangsbestand des T-Kontos Stühle:

Stühle	5.000	an	EBK	5.000

Herstellung von 100 neuen Stühlen:

Stühle	10.000	an	RHB	10.000

Verkauf und Lieferung von 60 Stühlen:

Forderungen	15.000	an	Umsatzerlöse	15.000

Abschluss des T-Kontos Stühle:

SBK	9.000	an	Stühle	9.000

Abschluss der Erfolgskonten:

Umsatzerlöse	15.000	an	GuV-Konto	15.000

Herstellungsaufwand	6.000	an	Stühle	6.000
GuV-Konto	6.000	an	Herstellungsaufwand	6.000

Damit können Sie nun auch die GuV-Konten der Jahre 01 und 02 für Fall 74 erstellen!

S GuV-Konto 01 nach dem Umsatzkostenverfahren (in €) H		
Herstellungsaufwand	6.000	Umsatzerlöse	15.000
Jahresüberschuss	9.000		
	15.000		15.000

S GuV-Konto 02 nach dem Umsatzkostenverfahren (in €) H		
Herstellungsaufwand	4.000	Umsatzerlöse	10.000
Jahresüberschuss	6.000		
	10.000		10.000

Leitsatz 18

!

Die GuV nach GKV und UKV

Die GuV nach dem Gesamtkostenverfahren und nach dem Umsatz-kostenverfahren führen immer zum gleichen Periodenerfolg. Nur der Weg dorthin ist unterschiedlich. Während beim GKV **alle Herstel-lungsausgaben** der Periode als Aufwand gebucht werden und daher die Bestandsveränderungen als Korrekturposten notwendig sind, geht das UKV den einfacheren Weg, indem nur die **Herstellungs-ausgaben der verkauften** Vermögensgegenstände als Aufwand in der GuV erscheinen.

2.3 Buchung bei zweistufigen Produktionsprozessen nach dem UKV und GKV

▬▬ Fall 79

Die Stuhl-GmbH eröffnet in 01 eine neue Produktlinie mit Designermö-beln. Aus vorhandenen Roh- und Hilfsstoffen (Anschaffungskosten 10.000 €) werden in Handarbeit 100 Holzstühle hergestellt. Die Lohnaus-gaben betragen 200 € je Stuhl. Diese Holzstühle werden in 02 veredelt, indem ihre Beine ebenfalls in Handarbeit mit Titan beschichtet werden.

Hierfür fallen weitere Materialausgaben in Höhe von 100 € je Stück und Lohnausgaben in Höhe von 50 € je Stück an. Als Clou wird jeder Stuhl von einem Fußballspieler des Vereins Bertha HSC kostenlos handsigniert. In 03 werden die Stühle tatsächlich für einen Stückpreis von 500 € netto bar verkauft und ausgeliefert.

Wie lauten die Buchungssätze für die laufenden Buchungen bei Anwendung des UKV?

Es handelt sich um einen zweistufigen Produktionsprozess. Dabei ist zu beachten, dass der zweistufige Produktionsprozess (in 01 und 02) erfolgsneutral erfolgt (Aktivtausch). Erst bei Verkauf und Lieferung (in 03) werden Ertrag und Aufwand gebucht.

In 01:

Unfertige	30.000	an	Vorräte	10.000
Erzeugnisse		an	Bank	20.000

In 02:

Fertigerzeugnisse	45.000	an	Vorräte	10.000
		an	Bank	5.000
		an	Unfertige Erzeugnisse	30.000

In 03:

Kasse	58.000	an	Umsatzerlöse	50.000
		an	USt	8.000
Herstellungs-aufwand	45.000	an	Fertigerzeugnisse	45.000

Damit entsteht erst in 03 ein Gewinn i.H.v. 5.000 €.

▌ Fall 80

Wie Fall 79. Wie lauten die laufenden Buchungssätze bei Anwendung des GKV?

Auch hier ist zu beachten, dass der zweistufige Produktionsprozess (in 01 und 02) erfolgsneutral erfolgt. Die Korrektur erfolgt diesmal durch Bestandsveränderungen.

In 01:

Materialaufwand	10.000	an	Vorräte	10.000
Lohnaufwand	20.000	an	Bank	20.000
Unfertige Erzeugnisse	30.000	an	Bestands-erhöhungen (uE)	30.000

In 02:

Materialaufwand	10.000	an	Vorräte	10.000
Lohnaufwand	5.000	an	Bank	5.000
Bestandsmin-derungen (uE)	30.000	an	Unfertige Erzeugnisse	30.000
Fertig-erzeugnisse	45.000	an	Bestands-erhöhungen (fE)	45.000

In 03:

Kasse	58.000	an	Umsatzerlöse	50.000
		an	USt	8.000
Bestandsmin-derungen (fE)	45.000	an	Fertigerzeugnisse	45.000

Sie sehen, dass sich die Buchungen im zweistufigen Produktionsprozess nur wenig vom einstufigen unterscheiden. Es ist lediglich zu beachten, dass auch die unfertigen Erzeugnisse in die zweite Produktionsstufe eingehen.

Lektion 9

Planmäßige Abschreibungen beim abnutzbaren Anlagevermögen

1 Abnutzung und Abschreibungen

Fall 81

Die X-GmbH hat einen PC für 1.000 € netto gekauft.

Wann fällt die Ausgabe und wann fällt der Aufwand an?

Der erste Teil der Frage ist einfach zu beantworten. Mit der Lieferung ist die Ausgabe entstanden. Denn entweder wurde der PC gleich bezahlt (Ausgabe = Auszahlung) oder mit der Lieferung ist eine Verbindlichkeit entstanden (Ausgabe vor Auszahlung).

Aber der zweite Teil: Der PC wird als Vermögensgegenstand aktiviert. Wenn er dem Umlaufvermögen der X-GmbH zugeordnet wird, wird bei einem Verkauf im Zeitpunkt der Lieferung der Ertrag (WVK) und der Aufwand (WEK) gebucht. Würde man im Anlagevermögen ebenso vorgehen, wäre der Aufwand aber eventuell nie zu buchen, da der PC nicht verkauft, sondern im Unternehmen genutzt wird. Denn Vermögensgegenstände des Anlagevermögens stehen dem Unternehmen grundsätzlich dauerhaft zur Verfügung (§ 247 Abs. 2 HGB). Manche von ihnen unbegrenzt, andere zeitlich begrenzt. Sie können daher in nicht abnutzbare und abnutzbare Vermögensgegenstände unterteilt werden. Nicht abnutzbare Vermögensgegenstände des Anlagevermögens, wie beispielsweise unbebaute Grundstücke, Beteiligungen und Kunstgegenstände besitzen ein zeitlich unbegrenztes Nutzungspotential. Abnutzbare Vermögensgegenstände des Anlagevermögens, wie Gebäude, Maschinen, Betriebs- und Geschäftsausstattung oder Fahrzeuge aller Art, können dagegen nur eine begrenzte Zeit genutzt werden. Als Ursachen der Abnutzung kommen drei Faktoren in Betracht:

▶ Technische Abnutzung, z. B. durch Verschleiß.
▶ Zeitliche Abnutzung, z. B. durch Ablauf von Konzessionen oder Patenten.
▶ Wirtschaftliche Abnutzung, z. B. durch technischen Fortschritt.

Da der Jahresabschluss ein den tatsächlichen Verhältnissen entsprechendes Bild der Vermögens-, Finanz- und Ertragslage der Unternehmung widerspiegeln soll, ist die Abnutzung von Vermögensgegenständen des Anlagevermögens zu dokumentieren: „Bei Vermögensgegenständen des Anlagevermögens, deren Nutzung zeitlich begrenzt ist, sind die Anschaffungs- oder Herstellungskosten um planmäßige Abschreibungen zu vermindern" (§ 253 Abs. 2 S. 1 HGB).

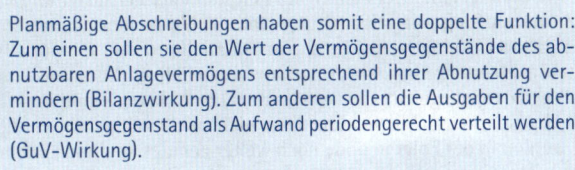

Planmäßige Abschreibungen haben somit eine doppelte Funktion: Zum einen sollen sie den Wert der Vermögensgegenstände des abnutzbaren Anlagevermögens entsprechend ihrer Abnutzung vermindern (Bilanzwirkung). Zum anderen sollen die Ausgaben für den Vermögensgegenstand als Aufwand periodengerecht verteilt werden (GuV-Wirkung).

Die planmäßige Abschreibung erfolgt anhand eines Abschreibungsplans Dieser umfasst gemäß § 253 Abs. 2 S. 2 HGB drei Komponenten

▶ die Abschreibungsbasis,
▶ die planmäßige Nutzungsdauer und
▶ das Abschreibungsverfahren.

Die Abschreibungsbasis (= Abschreibungsbemessungsgrundlage) bilden die Anschaffungs- oder Herstellungskosten (vgl. Lektionen 7 und 8!). Ist von Anfang an mit einem nennenswerten Restwert oder Restverkaufserlös am Ende der planmäßigen Nutzungsdauer zu rechnen (z. B. Schrottwert eines Seeschiffes), so mindert sich insoweit die Abschreibungsbasis.

Die planmäßige Nutzungsdauer umfasst den geschätzten Zeitraum, in dem ein Vermögensgegenstand voraussichtlich im Unternehmen genutzt werden kann. Dabei kann als Nutzungsdauer die technische (eher lange) oder die wirtschaftliche (kürzere) Nutzungszeit in Betracht kommen. Anhaltspunkte zur Festlegung der planmäßigen Nutzungsdauer liefern die betriebsindividuellen Erfahrungen der Vergangenheit und die steuerrechtlichen AfA-Tabellen der Finanzverwaltung.

> Die AfA-Tabellen sind Arbeitshilfen der Finanzverwaltung, um die betriebsgewöhnlichen Nutzungsdauern zu schätzen. Sie haben weder steuerrechtlich noch handelsrechtlich Gesetzescharakter. Sie heißen AfA-Tabellen, weil die planmäßige Abschreibung im Steuerrecht Absetzung für Abnutzung (kurz: AfA) genannt wird.

Die Abschreibung beginnt bei einer Anschaffung im Zeitpunkt der Lieferung und bei einer Herstellung im Zeitpunkt der Fertigstellung. Im Jahr der Anschaffung oder Herstellung sind die Vermögensgegenstände des abnutzbaren Anlagevermögens grundsätzlich pro rata temporis (= zeitanteilig) abzuschreiben. Mit Ablauf der planmäßigen Nutzungsdauer sind die Vermögensgegenstände des abnutzbaren Anlagevermögens vollständig abgeschrieben. Sie werden dann nicht mehr bilanziert, es sei denn, sie werden in der Folgeperiode noch weiter genutzt. In diesen Fällen führt man sie mit einem Erinnerungswert von 1 € fort.

Das Abschreibungsverfahren, also das Verfahren der Verteilung der Anschaffungs- oder Herstellungskosten auf die Nutzungsdauer als Aufwand, bestimmt somit die einzelnen Beträge, um die der Buchwert des abnutzbaren Vermögensgegenstandes jährlich vermindert wird. Folgende fünf Verfahren entsprechen den Grundsätzen ordnungsmäßiger Buchführung und sind handelsrechtlich zulässig:

▶ die lineare Abschreibung,
▶ die geometrisch-degressive Abschreibung,
▶ die arithmetisch-degressive Abschreibung,
▶ die progressive Abschreibung und
▶ die leistungsbezogene Abschreibung.

2 Die lineare Abschreibung

Bei der handels- und steuerrechtlich zulässigen linearen Abschreibung werden die Anschaffungs- oder Herstellungskosten (AHK), gegebenenfalls vermindert um einen Restwert (RW), in gleichen Beträgen über die Nutzungsdauer (ND) verteilt (= Zeitabschreibung). Der Abschreibungsbetrag pro Jahr lässt sich wie folgt errechnen:

$$\text{Abschreibungsbetrag/Jahr} = \frac{\text{AHK}}{\text{ND}}$$

Oder in Ausnahmefällen:

$$\text{Abschreibungsbetrag/Jahr} = \frac{\text{AHK} - \text{RW}}{\text{ND}}$$

Fall 82

Die X-GmbH erhält am 2.1.01 eine Maschine auf Ziel geliefert. Die Anschaffungskosten betragen 100.000 € (netto). Die betriebsgewöhnliche Nutzungsdauer dieser Maschine, die nach der Zweckbestimmung dem abnutzbaren Anlagevermögen zugeordnet wird, beträgt 10 Jahre. Die X-GmbH schreibt sie linear ab. Bilanzstichtag ist der 31.12.

Wie lauten die Buchungssätze am 2.1.01 und am 31.12.01?

Buchung am 2.1.01:

Maschinen	100.000	an	Verbindlichkeiten aus	
VorSt	16.000		L. u. L.	116.000

Buchung am 31.12.01:

Abschreibungen	10.000	an	Maschinen	10.000
GuV-Konto	10.000	an	Abschreibungen	10.000
SBK	90.000	an	Maschinen	90.000

3 Die geometrisch-degressive Abschreibung

▆▆▆ Fall 83

Bitte überlegen Sie, ob die lineare Abschreibung eine halbwegs realistische Abbildung des tatsächlichen Werteverzehrs von Vermögensgegenständen darstellt. Gehen Sie z. B. vom Marktwert eines PKW aus.

Das Wesen des Verfahrens der geometrisch-degressiven Abschreibung besteht darin, dass der jährliche Abschreibungsbetrag im ersten Jahr der Nutzung als fester Prozentsatz von den Anschaffungs- oder Herstellungskosten und in den Folgejahren der Nutzung mit ebendiesem festen Prozentsatz von den jeweiligen Buchwerten (= Restwerten) berechnet wird. Das Verfahren wird deshalb auch als Buchwertabschreibung bezeichnet. Die geometrisch-degressive Abschreibung führt im Vergleich zur linearen Abschreibung i.d.R. zunächst zu höheren und gegen Ende der Laufzeit zu geringeren Abschreibungsbeträgen. Sie entspricht damit oftmals dem tatsächlichen Werteverzehr von Vermögensgegenständen besser als die lineare Abschreibung.

Handelsrechtlich kann der feste Prozentsatz frei gewählt werden; steuerrechtlich darf der Abschreibungsprozentsatz höchstens das Doppelte des Satzes der linearen Abschreibung betragen und 20 % nicht übersteigen. Aus Vereinfachungsgründen wird i.d.R. im handelsrechtlichen Jahresabschluss der gleiche Prozentsatz gewählt wie in der Steuerbilanz.

Da bei diesem Verfahren eine vollständige Abschreibung nicht möglich ist, erfolgt in der Praxis ein Wechsel zur linearen Abschreibungsmethode. Der Methodenwechsel findet meist in der Periode statt, in der der lineare Abschreibungsbetrag den degressiven Abschreibungsbetrag übersteigt oder zumindest gleich hoch ist. Dieser Zeitpunkt lässt sich mit Hilfe folgender Formel ermitteln:

$$t = ND - \frac{100}{p} + 1$$

wobei t = Übergangsjahr
     ND = Nutzungsdauer
     p = Abschreibungsprozentsatz

■ Fall 84

Die X-GmbH (aus Fall 82) schreibt die Maschine nunmehr geometrisch-degressiv mit 20 % ab.

Wann erfolgt der Wechsel zur linearen Abschreibungsmethode?

$$t = 10 - \frac{100}{20} + 1 = 6.$$ Sie erfolgt im 6. Jahr.

4 Die arithmetisch-degressive Abschreibung

Bei der handelsrechtlich, aber nicht steuerrechtlich zulässigen arithmetisch-degressiven Abschreibung vermindern sich die Abschreibungsbeträge jährlich um den gleichen Betrag. Ist der Abschreibungsbetrag des letzten Jahres der Nutzung gleich dem Betrag, um den die jährlichen Abschreibungsbeträge sinken (= Degressionsbetrag D), so spricht man von der digitalen Abschreibung. Die digitale Abschreibung verbindet die Vorzüge der linearen mit denen der geometrisch-degressiven Abschreibung. Die Abschreibung ist zu Beginn der Nutzungsdauer hoch und sinkt kontinuierlich wie bei der geometrisch-degressiven. Sie führt aber, wie die lineare, im letzten Jahr der Nutzungsdauer zu einer vollständigen Abschreibung des Vermögensgegenstands.

Die Abschreibungsbeträge ergeben sich durch die Multiplikation des Degressionsbetrages mit der umgekehrten Reihenfolge der Jahresziffern. Der Degressionsbetrag ist der Quotient aus den Anschaffungs- oder Herstellungskosten (AHK), gegebenenfalls vermindert um einen Restwert (RW), und der Summe der Nutzungsjahre (= Jahresziffern)

$$D = \frac{AHK - RW}{\sum \text{Jahresziffern}}$$

▬▬ Fall 85

Die X-GmbH (aus Fall 82) möchte die Maschine nunmehr arithmetisch-degressiv abschreiben.

Wie hoch ist die Abschreibung im ersten und zweiten Jahr der Nutzung?

$$D = \frac{100.000}{1 + 2 + 3 + ... + 9 + 10} = \frac{100.000}{55} = 1.818,18 \, €$$

1. Abschreibungsbetrag = 10 x 1.818,18 = 18.181,80 €
2. Abschreibungsbetrag = 9 x 1.818,18 = 16.363,62 €

Eine letzte Anmerkung zu den degressiven Abschreibungen: In der Literatur findet sich häufig die Meinung, dass der Sinn der planmäßigen Abschreibung nicht die Darstellung des tatsächlichen Werteverzehrs ist, sondern allein die periodengerechte Verteilung der Ausgaben. Da die Erträge i. d. R. während der Nutzungsdauer entstehen, macht die Verteilung der AHK durch die Abschreibungen Sinn (Aufwandsrealisationsprinzip). Auch bei dieser Sichtweise spricht für die degressive Ausgabenverteilung, dass am Anfang viel Aufwand gebucht wird und dann im Zeitablauf immer weniger; da zugleich der laufende Reparaturaufwand wahrscheinlich kontinuierlich steigt, werden die beiden Ausgaben zusammen gesehen auf die Perioden der Nutzung ungefähr gleichmäßig verteilt.

5 Die progressive Abschreibung

Die progressive Abschreibung ist die Umkehrvariante der degressiven Abschreibung. Die Abschreibungsbeträge sind in den ersten Jahren der Nutzung gering und steigen dann kontinuierlich an. In den meisten Fällen widerspricht dieses Verfahren dem handelsrechtlichen Vorsichtsprinzip Dennoch ist es in eng begrenzten Ausnahmefällen handelsrechtlich zulässig (z. B. bei Unternehmen in Gründung); steuerrechtlich ist das Verfahren unzulässig

6 Die leistungsbezogene Abschreibung

Bei diesem Abschreibungsverfahren werden nicht zeitabhängige, sondern leistungsabhängige Abschreibungsbeträge ermittelt. Die Errechnung des leistungsbezogenen Abschreibungsbetrages pro Jahr erfolgt in zwei Arbeitsschritten. Zunächst wird der Abschreibungsbetrag je Leistungseinheit dadurch ermittelt, dass die Anschaffungs- oder Herstellungskosten,

gegebenenfalls abzüglich Restwert, durch den voraussichtlichen Gesamtleistungsumfang dividiert werden. In einem zweiten Arbeitsschritt
wird dann die in einem Geschäftsjahr tatsächlich erbrachte Leistung, ausgedrückt in produzierten Stückzahlen, gefahrenen Kilometern oder Ma-
schinenstunden, mit dem Abschreibungsbetrag je Leistungseinheit multipliziert. Das Verfahren ist handels- und steuerrechtlich (für bewegliche
Anlagegüter) zulässig.

▬▬▬ Fall 86

Taxiunternehmer X erwirbt am 2.1.01 (= Kauf und Lieferung) ein Fahr-
zeug zum Preis von 30.000 € (netto). Den Gesamtleistungsumfang dieses
Fahrzeuges schätzt er mit 300.000 km. X fährt in 01 (Nachweis: Tacho-
meter) 60.000 km.

Wie hoch ist die Abschreibung für das erste Jahr der Nutzung?

Abschreibungsbetrag = (30.000 € : 300.000 km) x 60.000 km = 6.000 €

Wir merken uns aus dieser Lektion vor allem:

! Leitsatz 19

Planmäßige Abschreibungen
Unter einer planmäßigen Abschreibung beim abnutzbaren Anlagevermögen versteht man die Verteilung der Anschaffungs- oder Herstellungskosten, gegebenenfalls vermindert um einen Restwert, auf
die planmäßige Nutzungsdauer.

Die Abschreibung bewirkt in der Bilanz eine Minderung des Buch-
werts des Vermögensgegenstands und führt in der GuV zu Aufwand.

Fünf Abschreibungsverfahren entsprechen den handelsrechtlichen
Grundsätzen ordnungsmäßiger Buchführung. Gebräuchlich sind die
lineare und die geometrisch-degressive Abschreibung.

Bitte bedenken Sie zum Abschluss dieser Lektion, dass durch unter-
schiedliche Schätzungen der Nutzungsdauer und durch die verschiedenen Abschreibungsverfahren der Abschreibungsverlauf variiert. Dennoch handelt es sich lediglich um temporäre Unterschiede. Denn es bleibt

dabei, dass die Ausgaben (Anschaffungs- oder Herstellungskosten) durch die planmäßigen Abschreibungen auf die Perioden der Nutzung verteilt werden. Oder einfacher: Mehr als 100 % können Sie nicht abschreiben. Dies gilt natürlich auch für die Abschreibungen in den Abschlüssen nach den IAS/IFRS. Dort werden allerdings i. d. R. längere Nutzungsdauern unterstellt als nach HGB-Abschlüssen.

Und welche Auswirkungen hat das?

Ceterum censeo …

Lektion 10

Außerplanmäßige Abschreibungen

1 Vorsichts-, Imparitäts- und Niederstwertprinzip

Wie Sie bereits in Lektion 6 erfahren haben, stellt das Vorsichtsprinzip gemäß § 252 Abs. 1 Nr. 4 HGB den dominierenden Grundsatz des deutschen Bilanzrechts dar. Diesem Prinzip liegt die Vorstellung des vorsichtigen Kaufmanns zugrunde, der sich vor sich selbst und vor anderen nicht reicher rechnet, als er tatsächlich ist. Für Vermögensgegenstände des Anlage- und Umlaufvermögens bilden die Anschaffungs- oder Herstellungskosten gemäß § 253 Abs. 1 S. 1 HGB die obere Grenze der Bewertung (= Anschaffungskostenprinzip). Steigt der Tageswert über die Anschaffungs- oder Herstellungskosten, so bleibt dies aufgrund des Ihnen schon bekannten Realisationsprinzips in der Bilanz unberücksichtigt. Sinkt der Tageswert von Vermögensgegenständen dagegen unter die Anschaffungs- oder Herstellungskosten, so wird diese (nur drohende) Wertminderung aufgrund des Imparitätsprinzips erfasst. Auswirkungen des Imparitätsprinzips auf die Bilanzierung sind das strenge und das gemilderte Niederstwertprinzip

Leitsatz 20

Das Niederstwertprinzip
Das Niederstwertprinzip besagt, dass von zwei möglichen Werten (Buchwert/Tageswert) der niedrigere Wert angesetzt werden muss oder angesetzt werden darf.

Liegt der aus einem Börsen- oder Marktpreis abgeleitete Wert gemäß § 253 Abs. 3 S. 1 HGB oder der beizulegende Wert gemäß § 253 Abs. 3 S. 2 HGB unter dem Buchwert, so muss im **Umlaufvermögen** in jedem Fall eine Abschreibung vorgenommen werden (strenges Niederstwertprinzip).

Im **Anlagevermögen** muss eine **außerplanmäßige Abschreibung** nur dann vorgenommen werden, wenn gemäß § 253 Abs. 2 S. 3 2. Halbsatz HGB eine **voraussichtlich dauernde Wertminderung** vorliegt. Bei einer **voraussichtlich vorübergehenden Wertminderung** hat der Kaufmann gemäß § 253 Abs. 2 S. 3 1. Halbsatz HGB ein **Wahlrecht** zur Vornahme einer außerplanmäßigen Abschreibung (gemildertes Niederstwertprinzip). Dieses Wahlrecht wird allerdings für Kapitalgesellschaften gemäß § 279 Abs. 1 S. 2 HGB auf Finanzanlagen begrenzt (sonst: Verbot).

2 Buchung der außerplanmäßigen Abschreibung

> Außerplanmäßige Abschreibungen können sowohl im Anlage- als auch im Umlaufvermögen auftreten. Sie werden vorgenommen, um eine Anpassung der Buchwerte an gesunkene Marktpreise vorzunehmen.

Die Gründe für eine außerplanmäßige Abschreibung beim abnutzbaren Anlagevermögen können sowohl wirtschaftlicher (z. B. Änderung der Konsumentennachfrage) als auch technischer Art (z. B. Beschädigung) sein. Der ursprünglich zugrunde gelegte Abschreibungsplan muss dann geändert werden. Beim nicht abnutzbaren Anlagevermögen und beim Umlaufvermögen kann es sich dagegen nur um wirtschaftlich bedingte Wertminderungsgründe, wie beispielsweise gesunkene Preise am Absatzmarkt, handeln.

Buchungstechnisch gibt es keinen Unterschied zwischen planmäßiger und außerplanmäßiger Abschreibung. Es entspricht allerdings den GoB, dass die außerplanmäßige Abschreibung erst nach Vornahme der planmäßigen Abschreibung auf einem gesondert eingerichteten Konto **Außerplanmäßige Abschreibungen** gebucht wird. Im Steuerrecht wird diese Form der Abschreibung als Absetzung für außergewöhnliche technische oder wirtschaftliche Abnutzung (kurz: AfaA) bezeichnet.

Fall 87

Die X-GmbH hatte am 2.1.01 eine technische Anlage für 200.000 € (netto) angeschafft (= Kauf und Lieferung). Sie sollte planmäßig 8 Jahre genutzt und linear abgeschrieben werden. Am 31.12.03 beträgt der Buchwert bei planmäßig linearer Abschreibung 125.000 €. Der beizulegende Wert der technischen Anlage am 31.12.04 sei 20.000 €. Es handelt sich um eine voraussichtlich dauernde Wertminderung. Bilden Sie die entsprechenden Buchungssätze zum 31.12.04!

| Abschreibungen | 25.000 | an | Technische Anlagen und Maschinen | 25.000 |
| Außerplanmäßige Abschreibungen | 80.000 | an | Technische Anlagen und Maschinen | 80.000 |

Fall 88

Was würde sich ändern, wenn die Wertminderung voraussichtlich nur vorübergehend ist?

In diesem Fall würde das gemilderte Niederstwertprinzip (§ 253 Abs. 2 S. 3 1. Halbsatz HGB) dazu führen, dass der Kaufmann die außerplanmäßige Abschreibung vornehmen darf, aber nicht muss. Da die X-GmbH aber die ergänzenden Vorschriften des Dritten Buchs des HGB beachten muss, besteht für sie gemäß § 279 Abs. 1 S. 2 HGB ein Abschreibungsverbot.

Fall 89

Die X-GmbH stellt anlässlich ihrer Inventur zum 31.12.01 fest, dass von den 10 in der Buchführung mit je 600 € ausgewiesenen Transportkarren, die zur Auslieferung der verkauften Waren genutzt werden, 3 auf mysteriöse Weise verschwunden sind.

Wie wirkt sich dieser Sachverhalt in der Buchführung aus?

Unter welcher GuV-Position findet er sich wieder?

Bereits in Lektion 4 wurde darauf hingewiesen, dass die Bestände, die sich aus der Inventur ergeben, mit den Buchwerten abgeglichen werden müssen. Während normale Abgänge dokumentiert werden (z. B. Materialentnahmescheine, Lieferscheine), ist dies bei Diebstahl und anderen unplanmäßigen Abgängen nicht der Fall. In Fall 89 sind die 3 abhanden gekommenen Transportkarren außerplanmäßig abzuschreiben (§ 253 Abs. 2 S. 3 2. Halbsatz HGB).

Außerplanmäßige		an	Technische Anlagen	
Abschreibungen	1.800		und Maschinen	1.800

Interessant ist die Frage, wo diese Abschreibung in der GuV letztlich auftaucht. Die Antwort hängt davon ab, ob sie nach dem GKV oder nach dem UKV erstellt wird. Während die GuV nach dem GKV nach Aufwandsarten gegliedert ist (bitte § 275 Abs. 2 Nr. 7 HGB lesen), erfolgt beim UKV die Gliederung nach Aufwandsstellen, also nach Orten im Unternehmen, an denen der Aufwand verursacht wird. Dies ist hier der Vertriebsbereich. Bitte schlagen Sie § 275 Abs. 3 Nr. 4 HGB nach.

3 Bewertung von Forderungen aus Lieferungen und Leistungen

Forderungen aus Lieferungen und Leistungen beruhen auf einem Schuldverhältnis (z. B. Kauf-, Werk- oder Dienstvertrag) und stellen Ansprüche auf Geldleistungen dar. Sie entstehen in dem Zeitpunkt, in dem die Lieferung erfolgt oder die sonstige Leistung erbracht wurde (= Realisationsprinzip gemäß § 252 Abs. 1 Nr. 4 2. Halbsatz HGB). Auf den Zeitpunkt der Rechnungsstellung oder Fälligkeit kommt es nicht an. Forderungen aus Lieferungen und Leistungen gehören im Gegensatz zu langfristigen Kapitalforderungen (= Finanzanlagen) zum Umlaufvermögen. Sie werden in der Bilanz mit den Anschaffungskosten, das heißt mit ihrem Nennwert (aber einschließlich USt) bewertet.

▰ Fall 90

Die Stuhl-GmbH liefert am 15.11.01 an einen Großabnehmer Holzstühle für 100.000 € netto. Die Zahlung erfolgt am 3.1.02 per Banküberweisung.

Wie lauten die Buchungen?

Buchung am 15.11.01:

Forderungen aus L. u. L.	116.000	an	Umsatzerlöse	100.000
		an	USt	16.000

Buchung am 3.1.02:

Bank	116.000	an	Forderungen aus L. u. L.	116.000

Der Ertrag ist mit der Leistungserbringung realisiert. Der Zahlungseingang erfolgt dagegen erfolgsneutral (Aktivtausch).

Nach § 253 Abs. 3 S. 2 HGB sind Forderungen aus Lieferungen und Leistungen auf den am Bilanzstichtag beizulegenden Wert abzuschreiben, sofern dieser niedriger als die Anschaffungskosten (Nennwert) ist. Bei der
Bewertung von Kundenforderungen ist somit die Zahlungsfähigkeit des
Schuldners zu berücksichtigen. In diesem Zusammenhang unterscheidet
man:

▶ vollwertige Forderungen,
▶ uneinbringliche Forderungen,
▶ zweifelhafte Forderungen.

Vollwertige Forderungen (einwandfreie Forderungen) werden zu ihrem
Nennbetrag bilanziert. Dies ist gemäß § 253 Abs. 1 S. 1 HGB der Rech-
nungsbetrag einschließlich der gesetzlichen USt.

Forderungen sind als uneinbringlich einzustufen, wenn am Bilanzstichtag sicher feststeht, dass deren Bezahlung keinesfalls erwirkt werden
kann, sie also in voller Höhe ausfallen werden. Sie sind z. B. dann als uneinbringlich anzusehen, wenn der Schuldner eine eidesstattliche Versicherung gemäß § 807 ZPO geleistet hat und in absehbarer Zeit mit einer
Verbesserung seiner wirtschaftlichen Lage nicht zu rechnen ist, die In-
solvenzmasse zur Deckung der Forderungen nicht ausreicht oder eine
Zwangsvollstreckung fruchtlos verlaufen ist. In diesen Fällen muss die
Forderung gemäß § 253 Abs. 3 S. 2 HGB abgeschrieben (Umgangssprache: ausgebucht) und die USt korrigiert werden.

▇▇▇ Fall 91

Die Stuhl-GmbH liefert am 15.11.01 an einen Großabnehmer Holzstühle für 100.000 € netto. Zum 31.12.01 steht sicher fest, dass die Forderung als vollständig „verloren" anzusehen ist.

Wie lauten die Buchungen am 15.11.01 und am 31.12.01?

Bei Lieferung am 15.11.01:

Forderungen	116.000	an	Umsatzerlöse	100.000
aus L.u.L.		an	USt	16.000

Am Bilanzstichtag (31.12.01):

Abschreibungen	100.000		Forderungen	
auf Forderungen		an	aus L.u.L.	116.000
aus L.u.L.				
USt	16.000			

Forderungen aus Lieferungen und Leistungen werden dann als zweifelhafte Forderungen (= Dubiose) bezeichnet, wenn am Bilanzstichtag nur noch ein teilweiser Zahlungseingang erwartet wird. Sie sind beispielsweise als zweifelhaft einzustufen, wenn der Schuldner auf Mahnungen nicht reagiert, Schecks oder Wechsel nicht eingelöst werden oder bereits ein Vergleichsverfahren eingeleitet worden ist. Aus Gründen der Bilanzklarheit erfolgt in diesen Fällen eine buch- und bilanzmäßige Trennung dieser zweifelhaften Forderungen von den vollwertigen Kundenforderungen mithilfe folgender Buchung:

Zweifelhafte Forderungen an Forderungen aus L.u.L.

Durch diese Buchung wird der Periodenerfolg nicht berührt. Erst wenn ein Teil dieser zweifelhaften Forderungen abgeschrieben wird, erscheint der voraussichtliche Forderungsausfall als Aufwand. Hierbei ist allerdings zu beachten, dass lediglich der Nettobetrag der voraussichtlich ausfallenden Forderung der Abschreibung unterliegt. Die USt wird gemäß § 17 UStG erst bei einem tatsächlichen Ausfall der Forderung berichtigt.

Fall 92

Im Forderungsbestand der Stuhl-GmbH befindet sich auch eine Forderung gegenüber der X-AG in Höhe von 2.320 € (brutto). Die X-AG hatte seit Wochen auf Mahnungen nicht reagiert. Die Stuhl-GmbH schätzt den Forderungsverlust auf 80 %.

Wie lauten die Buchungssätze zum 31.12.01?

Umbuchung der Kundenforderung:
Zweifelhafte Forderungen 2.320 an Forderungen aus L.u.L. 2.320

Berechnung des voraussichtlichen Ausfalls:

	Bruttoforderung	2.320
./.	Umsatzsteuer	320
=	Nettoforderung	2.000
	davon 80 %	1.600

Buchung des voraussichtlichen Ausfalls:
Abschreibung 1.600 an Zweifelhafte Forderungen 1.600
auf Forderungen
aus L.u.L.

Die Möglichkeit der Einzelbewertung jeder Forderung aus Lieferungen und Leistungen ist in der betrieblichen Praxis mit großen Schwierigkeiten verbunden, da bei einem großen Kundenkreis die finanzielle und wirtschaftliche Lage der einzelnen Kunden dem Unternehmer nicht bekannt ist. Mit einer gewissen Wahrscheinlichkeit ist aber mit Forderungsausfällen zu rechnen. In diesen Fällen kommt gemäß § 253 Abs. 3 S. 2 HGB die Pauschalbewertung von Forderungen aus Lieferungen und Leistungen zur Anwendung. Bei diesem Verfahren wird der Forderungsbestand, der nach Abtrennung der uneinbringlichen und zweifelhaften Kundenforderungen verbleibt (Einzelbewertung), zunächst gemäß § 17 UStG in einen Nettoforderungsbestand umgerechnet. Dieser Betrag wird dann mit einem aufgrund der Erfahrungen der Vergangenheit ermittelten Ausfall-Prozentsatz (z. B. 1,5 %) multipliziert und die Abschreibung in entsprechender Höhe gebucht. Das Verfahren, bei dem für einen Teil der Kundenforderungen die Einzelbewertung und für den restlichen Forderungsbestand das Pauschalverfahren angewendet wird, bezeichnet man als gemischtes Verfahren

Lektion 11
Periodenübergreifende Zahlungen

Die folgende Lektion befasst sich mit zweiseitigen Verträgen, bei denen die Leistung (Lieferung oder sonstige Leistung) und deren Bezahlung zeitlich auseinander fallen. Dabei sind die Geschäftsvorfälle, bei denen die Zahlung zeitlich vor der Leistungserbringung liegt, und die Fälle, in denen sie danach erfolgt, zu unterscheiden. Aber der Reihe nach.

■■■ Fall 93

Die Fit & Fun verkauft an den Kunden Y ein Paar Ski „Monosal X scream" für 600 € (netto). Der Vertrag wird am 3.1. geschlossen.

Wie ist er zu buchen?

Mit dem schuldrechtlichen Vertrag verpflichtet sich Fit & Fun zur Lieferung der Ski; Y verpflichtet sich zur Zahlung. Man könnte also in einer ersten Annäherung unterstellen, dass beide Vertragsparteien eine Art Verbindlichkeit (Verpflichtung) eingegangen sind und zugleich gegeneinander eine Art Forderung haben. In der Bilanzierungspraxis besteht aber Einigkeit darüber, dass aus Vereinfachungsgründen diese gegenseitigen Verpflichtungen und Forderungen grundsätzlich so lange nicht bilanziert werden, wie der Bilanzierende seine Leistung oder zumindest Teilleistung nicht erbracht hat (schwebendes Geschäft). Es wird implizit vereinfachend unterstellt, dass die jeweilige Forderung und Verbindlichkeit gleich hoch sind und daher keine Auswirkung auf die Erfolgs- und Vermögenslage haben.

 Schwebende Geschäfte werden grundsätzlich nicht bilanziert.

Wenn dann im Fall 93 die Lieferung und Zahlung erfolgen, wird beim Verkäufer der Geldzugang gegen das Warenverkaufskonto und die erhaltene USt gebucht und beim Käufer (sofern dieser überhaupt bilanziert) der Warenzugang und die Vorsteuer gegen den Geldabfluss.

| Verkäufer: | Kasse | 696 | an | WVK | 600 |
| | | | an | USt | 96 |

| Käufer: | WEK | 600 | an | Kasse | 696 |
| | VorSt | 96 | | | |

Etwas umfangreicher wird die Buchung allerdings, wenn die Zeitpunkte der Lieferung und der Zahlung voneinander abweichen. Wie Sie bereits in Lektion 6 erfahren haben, ist für die Aufwands- bzw. Ertragsrealisation bei zweiseitigen Rechtsgeschäften nicht der Zahlungszeitpunkt, sondern die Zeit der Leistungserbringung selbst entscheidend.

Das ist Ihnen doch ganz klar, oder?

◼◼◼ Fall 94

Fit & Fun verkauft wieder am 3.1. an den Kunden Y ein Paar Ski „Monosal X scream" für 600 € (netto). Die Lieferung erfolgt am 5.1.; Y zahlt eine Woche später, also am 12.1.

Wann hat Fit & Fun den Umsatzerlös und die USt zu buchen?

Eben! Bereits mit Verschaffung der Verfügungsmacht über die Ski (5.1.). Dies gilt selbst, wenn Fit & Fun mit Y, was die Regel ist, einen so genannten Eigentumsvorbehalt vereinbart. Der in § 246 Abs. 1 S. 2 HGB kodifizierte Grundsatz der wirtschaftlichen Betrachtungsweise weist explizit darauf hin, dass für die Bilanzierung nicht das rechtliche Eigentum maßgeblich ist (dieses hat Fit & Fun solange, bis Y bezahlt), sondern das wirtschaftliche Eigentum. Fallen Leistung und Zahlung zeitlich auseinander, sind vier Fälle zu unterscheiden:

1 Die Zahlung erfolgt vor der Gegenleistung
   a) Die Zahlung erfolgt vor einer Lieferung
      (geleistete und erhaltene Anzahlungen)

   b) Die Zahlung erfolgt vor einer sonstigen Leistung
      (aktive und passive Rechnungsabgrenzungsposten)

2 Die Zahlung erfolgt nach der Gegenleistung
   a) Die Zahlung erfolgt nach einer Lieferung
      (Forderungen und Verbindlichkeiten)

b) Die Zahlung erfolgt nach einer sonstigen Leistung
    (Forderungen und Verbindlichkeiten)

1 Die Zahlung erfolgt vor der Gegenleistung

Auszahlungen, die der Kaufmann vor dem Bilanzstichtag freiwillig für
eine Gegenleistung nach dem Stichtag leistet, mindern regelmäßig den
Ertragswert des Unternehmens nicht. Ansonsten würde der Kaufmann sie
nicht tätigen. Daher müssten freiwillig geleistete periodenübergreifende
Vorauszahlungen in der Handelsbilanz aktiviert werden. Allerdings steht
einer Aktivierung die Objektivierung entgegen. Im geltenden Bilanzrecht
wird dieser Konflikt wie folgt gelöst. Wenn die Zahlung für einen später
aktivierbaren Vermögensgegenstand erfolgt (Anzahlung für die Lieferung
einer Ware, zeitpunktbezogene Leistung), wird unterstellt, dass die Zahlung selbst aktivierungspflichtig ist. Wenn die Zahlung aber für eine spätere sonstige Leistung (zeitraumbezogene Leistung, z. B. Vorauszahlung
für eine Dienstleistung) erfolgt, wird hingegen eine Aktivierung von einer zusätzlichen Objektivierung abhängig gemacht.

Das haben Sie noch nicht verstanden?

Macht nichts, lesen Sie einfach weiter!

1.1 Geleistete und erhaltene Anzahlungen

Für den Fall, dass der Zahlungszeitpunkt vor der Lieferung liegt, spricht
man von Anzahlungen. Leistet der Kaufmann vor dem Bilanzstichtag Anzahlungen auf aktivierbare Vermögensgegenstände, die ihm nach dem
Bilanzstichtag geliefert werden sollen, dann hat der Kaufmann einen
werthaltigen, greifbaren und selbständig bewertbaren Anspruch auf Lieferung eines Vermögensgegenstands oder auf Rückgewähr der Anzahlung. Daher erfüllt bereits die Anzahlung die Kriterien des Vermögensgegenstands.

Eine erhaltene (geleistete) Anzahlung ist eine besondere Form der Verbindlichkeit (Forderung), die separat in der Buchführung erfasst und – sofern zwischen der Anzahlung und der Lieferung ein Abschlussstichtag
liegt – im Jahresabschluss ausgewiesen wird.

> Der zur Lieferung verpflichtete Unternehmer ist eine Sachleistungs-
> verbindlichkeit eingegangen, die erst bei Lieferung getilgt wird. Sie
> wird im Passivkonto **Erhaltene Anzahlungen** im Haben ausgewie-
> sen. Der Kunde besitzt bis zum Erhalt der Ware eine Sachleistungs-
> forderung, die auf dem Aktivkonto **Geleistete Anzahlungen** erfasst
> wird.

Bitte prüfen Sie in der Bilanzgliederung des § 266 Abs. 2 und 3 HGB, wo
diese Posten auftauchen.

Sie stellen fest, dass der Gesetzgeber hierfür vier Gliederungsposten vorgesehen hat. Wenn der Bilanzierende eine Anzahlung geleistet hat, liegt
eine Sachforderung vor. Wenn er die Zahlung für einen Vermögensgegenstand geleistet hat, den er bei Lieferung im Anlagevermögen ausweisen wird, ist auch die geleistete Anzahlung im Anlagevermögen auszuweisen (Position A. I. 3. bzw. A. II. 4.), andernfalls im Umlaufvermögen
unter den Vorräten (Position B. I. 4.) und nicht etwa unter den Forderungen. Hat der Bilanzierende hingegen eine Anzahlung erhalten, so ist
diese als Verbindlichkeit unter der Position C. 3. auszuweisen.

▬ Fall 95

Fit & Fun verkauft wieder am 3.1. an den Kunden Y ein Paar Ski „Monosal X scream" für 600 € (netto). Y zahlt am 5.1. den vereinbarten Preis
und erhält am 12.1. die Lieferung.

Wie haben Verkäufer und Käufer den Geschäftsvorfall zu buchen?

Am 3.1. passiert zunächst buchhalterisch nichts, da ein schwebendes Geschäft vorliegt. Am 5.1. ist die erhaltene Anzahlung zu buchen und am
12.1. die Lieferung. Zu beachten ist außerdem, dass gemäß § 13 UStG auf
alle Anzahlungen USt zu entrichten ist.

> Diese Regelung ist unsystematisch und daher müssen Sie sie aus-
> wendig lernen: Gemäß § 13 UStG ist auf alle Anzahlungen USt zu
> entrichten.

Es ergeben sich somit folgende Buchungen:

Buchung am 5.1. beim Verkäufer:

| Kasse | 696 | an | Erhaltene Anzahlungen | 600 |
| | | | USt | 96 |

Buchung am 5.1. beim Käufer:

| Geleistete Anzahlungen | 600 | an | Kasse | 696 |
| VorSt | 96 | | | |

Buchung am 12.1. beim Verkäufer:

| Erhaltene Anzahlungen | 600 | an | WVK | 600 |

Buchung am 12.1. beim Käufer:

| WEK | 600 | an | Geleistete Anzahlungen | 600 |

▄▄▄ Fall 96

„Prima, das verstehe ich", wendet Y ein, „aber was ist, wenn ich nur einen Teil jetzt zahle, z. B. 116 €, und den Rest bei Lieferung?"

Das ändert nicht viel. Beachten Sie wieder, dass auf die Anzahlung bereits USt (Anzahlung 100 und USt 16) erhoben wird. Wenn dann bei Lieferung der Restbetrag zu zahlen ist, ist hierin wieder die anteilige USt enthalten (500 und 80).

Buchung am 5.1. beim Verkäufer:

| Kasse | 116 | an | Erhaltene Anzahlungen | 100 |
| | | | USt | 16 |

Buchung am 5.1. beim Käufer:

| Geleistete Anzahlungen | 100 | an | Kasse | 116 |
| VorSt | 16 | | | |

Buchung am 12.1. beim Verkäufer:

| Erhaltene Anzahlungen | 100 | an | WVK | 600 |
| Kasse | 580 | | USt | 80 |

Buchung am 12.1. beim Käufer:

| WEK | 600 | an | Geleistete Anzahlungen | 100 |
| VorSt | 80 | | Kasse | 580 |

1.2 Aktive und passive Rechnungsabgrenzungsposten

Zur periodengerechten Erfolgsermittlung für Fälle, in denen die Perioden der Zahlung und zeitraumbezogenen Leistung auseinanderfallen, werden alternativ zu den Anzahlungen (diese greifen nur bei zeitpunktbezogenen Leistungen) Rechnungsabgrenzungsposten (kurz: RAP) gebucht. Sie werden gemäß § 250 Abs. 1 S. 1 und Abs. 2 HGB gebildet, wenn vor dem Abschlussstichtag die Zahlung und nach dem Abschlussstichtag die korrespondierende Leistung erfolgt. Bitte die Norm unbedingt nachschlagen! Zahlungen für zeitraumbezogene Leistungen sind insbesondere Mieten, Kreditzinsen und Versicherungsbeiträge.

Der Gesetzgeber erkennt, dass auch durch solche Vorauszahlungen der Ertragswert eines Unternehmens i.d.R. nicht gemindert wird, weil der Kaufmann sie sonst nicht geleistet hätte. Andererseits ist der Ertragswertbeitrag solcher Vorauszahlungen schwerer greifbar als bei Anzahlungen auf Vermögensgegenstände. Beispielsweise könnte man Auszahlungen für eine eigene Werbekampagne auch als „Vorauszahlungen" für künftige Einzahlungen deuten. Daher hat der Gesetzgeber eine zusätzliche Objektivierungsrestriktion kodifiziert: Nur wenn die Vorauszahlungen Aufwand „für eine bestimmte Zeit" – besser: für einen bestimmten Zeitraum – nach dem Abschlussstichtag sind, sind sie zu aktivieren und nicht sofort als Aufwand in der GuV auszuweisen (§ 250 Abs. 1 S. 1 HGB). Sie werden jedoch nicht als Vermögensgegenstände aktiviert, sondern als so genannte aktive Rechnungsabgrenzungsposten (aRAP)

Für passive Rechnungsabgrenzungsposten (pRAP) gilt das Gesagte analog. Es handelt sich um erhaltene Vorauszahlungen für noch zu erbringende zeitraumbezogene Leistungen. Grundsätzlich wären diese erhaltenen Vorauszahlungen als Verbindlichkeiten (Leistungsverpflichtungen) zu passivieren. Ausnahmsweise werden sie jedoch nicht als Verbindlichkeiten, sondern als pRAP ausgewiesen.

Erst im Geschäftsjahr der Leistungserbringung hat der leistende Kaufmann den Gewinn aus dem Geschäft realisiert. Daher ist der pRAP auch in diesem Geschäftsjahr gewinnerhöhend aufzulösen.

Fall 97

X zahlt am 31.12.01 an Unternehmen Y die Büromiete in Höhe von 60.000 € für das folgende Geschäftsjahr im voraus (Y hat nicht nach § 9 UStG zur Umsatzsteuerpflicht optiert).

Aus Sicht von Unternehmen X wird wie folgt gebucht:

Am 31.12.01:	aRAP	60.000	an	Kasse	60.000
Am 31.12.02:	Mietaufwand	60.000	an	aRAP	60.000

Die Buchungen bei Unternehmen Y erfolgen analog:

Am 31.12.01:	Kasse	60.000	an	pRAP	60.000
Am 31.12.02:	pRAP	60.000	an	Mietertrag	60.000

Fall 98

Wie wäre bei Y zu buchen, wenn die Mietzahlung am 1.10.01 für die folgenden 12 Monate erfolgen würde?

Zunächst würde die Buchhaltung die Zahlung als Mietertrag buchen, um sie dann am Ende des Geschäftsjahres anteilig (9/12) abzugrenzen:

Am 1.10.01:	Kasse	60.000	an	Mietertrag	60.000
Am 31.12.01:	Mietertrag	45.000	an	pRAP	45.000
Am 31.12.02:	pRAP	45.000	an	Mietertrag	45.000

Damit würden im Jahresabschluss 01 15.000 € und im Jahresabschluss 02 45.000 € Mietertrag ausgewiesen werden. Dies entspricht genau der anteilig erbrachten Vermietung.

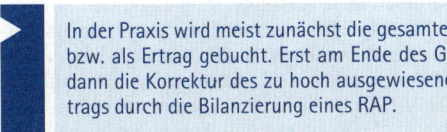

In der Praxis wird meist zunächst die gesamte Zahlung als Aufwand bzw. als Ertrag gebucht. Erst am Ende des Geschäftsjahres erfolgt dann die Korrektur des zu hoch ausgewiesenen Aufwands bzw. Ertrags durch die Bilanzierung eines RAP.

Fall 99

X und Y wundern sich, warum zwar auf Anzahlungen USt erhoben wird, aber in Fall 97 und Fall 98 nicht.

Verstehen Sie das?

Natürlich. Den Grund haben Sie in Lektion 7 kennen gelernt. Die klassischen Zahlungen für zeitraumbezogene Leistungen, in denen RAP zu bilden sind, sind Darlehenszinsen, Versicherungsprämien und Mietzinsen. Diese Leistungen sind aber nach § 4 Nr. 8, 10 und 12a UStG von der USt befreit.

▪ Fall 100

Wie Fall 98. Y macht aber von der Option zur Umsatzsteuerpflicht nach § 9 UStG Gebrauch.

Wie würden jetzt die Buchungen bei Y aussehen?

Am 1.10.01:	Kasse	69.600	an	Mietertrag	60.000
				USt	9.600
Am 31.12.01:	Mietertrag	45.000	an	pRAP	45.000
Am 31.12.02:	pRAP	45.000	an	Mietertrag	45.000

RAP sind i.d.R. umsatzsteuerfrei. Umsatzsteuerpflichtige RAP werden wie Anzahlungen behandelt.

2 Die Zahlung erfolgt nach der Gegenleistung

2.1 Forderungen und Verbindlichkeiten aus Lieferungen und Leistungen

Forderungen wurden bereits mehrmals, z. B. im Zusammenhang mit außerplanmäßigen Abschreibungen, behandelt. Sie lassen sich in Kapitalforderungen und solche aus Lieferungen und Leistungen unterscheiden. Kapitalforderungen entstehen, indem der Bilanzierende einer anderen Rechtsperson ein Darlehen gewährt. Sie basieren auf Geschäftsvorfällen des finanzwirtschaftlichen Bereichs und dokumentieren den noch offenen Rückzahlungsbetrag (Erfüllungsbetrag). Forderungen aus Lieferungen und Leistungen basieren hingegen auf Geschäftsvorfällen des leistungswirtschaftlichen Bereichs und entstehen, wenn der Bilanzierende eine Leistung auf Ziel erbracht hat. Das heißt, dass der Kunde erst nach der Lieferung oder sonstigen Leistung zahlt.

> Beachten Sie wieder, dass der Umsatz mit der Leistungserbringung zu buchen ist. Die Buchung der Zahlung selbst erfolgt dann später erfolgsneutral.

Zum Fremdkapital zählen alle wirtschaftlich bereits entstandenen Zahlungsverpflichtungen des Unternehmens gegenüber Dritten. Gemäß § 246 Abs. 1 S. 1 HGB hat der Kaufmann seine Schulden zum Abschlussstichtag zu bilanzieren. Der Gesetzgeber unterteilt die Schulden in Verbindlichkeiten und Rückstellungen (§§ 253 Abs. 1 S. 2, 249, 266 Abs. 3 B. und C. HGB).

Verbindlichkeiten sind Verpflichtungen eines Unternehmens, die am Bilanzstichtag ihrer Höhe und ihrer Fälligkeit nach feststehen. Sie sind gemäß § 253 Abs. 1 S. 2 HGB grundsätzlich mit ihrem Rückzahlungsbetrag zu passivieren und gemäß § 266 Abs. 3 C. HGB auf der Passivseite der Bilanz auszuweisen.

Verbindlichkeiten aus Lieferungen und Leistungen (kurz: Lieferverbindlichkeiten) entstehen, wenn der Bilanzierende eine Leistung auf Ziel erhalten hat. Das heißt, dass er erst nach der Lieferung oder sonstigen Leistung zahlt.

Fall 101

Die X-GmbH verkauft an die Y-AG Waren im Nettowert von 10.000 €. Die Lieferung erfolgt am 20.12.01, die Zahlung am 10.1.02.

Wie ist bei der X-GmbH und der Y-AG zu buchen?

Bei Vertragsabschluss erfolgt keine Buchung, weil es sich um ein schwebendes Geschäft handelt. Bei Lieferung (20.12.01) hat die X-GmbH eine Forderung aus L.u.L. (11.600 €) an das WVK (10.000 €) und USt (1.600 €) zu buchen. Analog bucht die Y-AG Wareneingang (10.000 €) und VorSt (1.600 €) an Verbindlichkeiten aus L.u.L. (11.600 €). Wenn die Zahlung erfolgt, wird diese von beiden erfolgsneutral (als Bilanzverkürzung) über das Bankkonto gebucht. Damit fallen am 10.1.02 Forderung und Verbindlichkeit weg.

▬▬ Fall 102

Wo tauchen die Forderung und die Verbindlichkeit aus Fall 101 in der Bilanzgliederung zum 31.12.01 auf?

Sie sind gemäß § 266 Abs. 2 HGB in B. II. 1. und § 266 Abs. 3 HGB in C. 4. auszuweisen. Bitte schlagen Sie im HGB nach.

Zu den periodenübergreifenden Zahlungen sollten Sie den folgenden langen Leitsatz gewissenhaft durchgehen:

Leitsatz 21

Periodenübergreifende Zahlungen
Ein Ertrag entsteht aufgrund des Realisationsprinzips grundsätzlich, wenn der Umsatzakt erfolgt; der Zahlungszeitpunkt ist irrelevant. Daher sind bei periodenübergreifenden Zahlungen Abgrenzungsbuchungen notwendig. Hierbei sind drei Fälle zu unterscheiden:

1) Die Zahlung erfolgt vor einer Lieferung
   (geleistete und erhaltene Anzahlungen)

Die Vorauszahlung, die der Lieferant erhalten hat, wird unter **Erhaltene Anzahlungen** im Haben ausgewiesen. Der Kunde bucht die Vorauszahlung auf dem Aktivkonto **Geleistete Anzahlungen**. Der Gesetzgeber hat in § 266 Abs. 2 und 3 HGB vier Gliederungsposten für Anzahlungen vorgesehen. Auf Anzahlungen wird USt erhoben!

2) Die Zahlung erfolgt vor einer sonstigen Leistung
   (aktive und passive Rechnungsabgrenzungsposten)

Wenn eine geleistete Vorauszahlung Aufwand für einen bestimmten Zeitraum nach dem Abschlussstichtag ist, ist sie gemäß § 250 Abs. 1 S. 1 HGB als **aRAP** zu aktivieren. Ist eine erhaltene Vorauszahlung Ertrag für einen bestimmten Zeitraum nach dem Abschlussstichtag, muss sie gemäß § 250 Abs. 2 HGB als **pRAP** passiviert werden. Aktive und passive RAP werden nach § 266 Abs. 2 C. und Abs. 3 D. HGB in der Bilanz gesondert ausgewiesen. Da die klassischen RAP – Versicherungsprämien, Kreditzinsen und Mieten – umsatzsteuerbefreit sind, werden sie i. d. R. ohne USt gebucht (Optionsrecht nach § 9 UStG beachten).

> 3) Die Zahlung erfolgt nach der Gegenleistung
>   (Forderungen und Verbindlichkeiten aus L. u. L.)
>
> **Forderungen und Verbindlichkeiten aus Lieferungen und Leis-
> tungen** entstehen, wenn der Bilanzierende eine Leistung auf Ziel er-
> bracht bzw. erhalten hat. Sie sind gemäß § 266 Abs. 2 HGB in B. II.
> und § 266 Abs. 3 HGB in C. 4. auszuweisen. Da die USt bereits mit
> der Leistungserbringung gebucht wird, stellen die Forderungen bzw.
> Verbindlichkeiten Bruttobeträge dar.

2.2 Exkurs: Das Disagio bei Bankverbindlichkeiten

Von den Verbindlichkeiten aus Lieferungen und Leistungen sind solche
Verbindlichkeiten zu unterscheiden, die gegenüber Kreditinstituten eingegangen werden (Bankverbindlichkeiten). Sie sind gemäß § 253 Abs. 1
S. 2 HGB mit ihrem Rückzahlungsbetrag zu bewerten und nach § 266 Abs.
3 HGB unter C. 2. auszuweisen.

▉ Fall 103

Die X-GmbH nimmt ein Darlehen in Höhe von 100.000 € bei der Z-Bank
zu 8 % Zinsen auf. Vereinbart ist, dass sie pro Jahr 10 % tilgt und die
Zinsen plus Tilgung am 31.12. zahlt. Der Kredit wird am 2.1.01 dem Giro-
konto gutgeschrieben.

Wie bucht die X-GmbH in 01?

Am 2.1.01:

Bank	100.000	an	Verbindlichkeiten Z-Bank	100.000

Am 31.12.01:

Verbindlichkeiten Z-Bank	10.000	an	Bank	10.000
Zinsaufwand	8.000	an	Bank	8.000

Kreditinstitute vereinbaren mit ihren Kunden für einen Kredit oftmals einen im Vergleich zum Auszahlungsbetrag höheren Rückzahlungsbetrag.
Diesen Unterschiedsbetrag bezeichnet man als Disagio oder Damnum

▆▆▆ Fall 104

Die X-GmbH nimmt einen Kredit über 100.000 € auf. Die Z-Bank überweist am 30.12.01 auf das Geschäftskonto jedoch nur 95.000 €. In Höhe von 5 % der Kreditsumme (5.000 €) hat die Bank ein Disagio einbehalten.

Wie bilanziert die X-GmbH den Zahlungseingang?

Für die Berücksichtigung des Disagios im handelsrechtlichen Jahresabschluss sieht § 250 Abs. 3 S. 1 HGB ein Wahlrecht vor. Das liegt an seinem doppeldeutigen Charakter:

Man kann das Disagio als einen vorweggezahlten Zins ansehen. Die 5.000 € wurden einbehalten, weil der X-GmbH ein Kredit gewährt wurde. Damit sind sie eine Ausgabe vor dem Abschlussstichtag, die (Zins) Aufwand für eine bestimmte Zeit (Kreditlaufzeit) nach diesem Tag darstellt. Dieser Sichtweise entspricht die Bildung eines aktiven Rechnungsabgrenzungspostens gemäß § 250 Abs. 1 S. 1 HGB. Das aktivierte Disagio wäre über die Laufzeit der Verbindlichkeit durch Abschreibung planmäßig zu tilgen. Der zinsähnliche Aufwand wird somit über die gesamte Laufzeit verteilt.

Interpretiert man das Disagio hingegen als eine Art Bereitstellungsprovision oder Bearbeitungsgebühr, so könnte man argumentieren, dass das volle Darlehen vom Kreditinstitut ausbezahlt und vom Schuldner in Höhe des Disagios sofort zurückgezahlt wurde. Dann könnte eine sofortige Erfassung des Disagios in voller Höhe als Aufwand geboten sein, weil die Gegenleistung mit der Auszahlung des Kredits erbracht wurde.

Weiter mit Fall 104: „Na prima! Und wie muss meine X-GmbH nun das Disagio buchen?" mosert X in der ihm eigenen charmanten Art.

Der Gesetzgeber ist sich selbst unsicher. Der Kaufmann kann deshalb gemäß § 250 Abs. 3 S. 1 HGB wählen, welcher der beiden Sichtweisen er folgt. Bitte lesen Sie die Norm unbedingt!

Variante 1:

Bank	95.000	an	Verbindlichkeiten Z-Bank	100.000
aRAP	5.000			

Variante 2:

| Bank | 95.000 | an | Verbindlichkeiten Z-Bank | 100.000 |
| Zinsaufwand | 5.000 | | | |

Wenn sich die X-GmbH für Variante 2 entscheidet, mindert sich der Jahresüberschuss sofort um die vollen 5.000 €. Wenn sie sich für die Variante 1 entscheidet, werden sie aktiviert und über die Kreditlaufzeit (durch Abschreibung) als Aufwand verteilt.

Die IAS/IFRS machen übrigens keine konkreten Angaben über die Bilanzierung des Disagios. Aus IAS 23.5 (b) i. V. m. IAS 23.7 lässt sich allerdings ableiten, dass eine Aktivierung erfolgen muss. Damit ist auch das Disagio ein Beispiel für die Aussage in Lektion 5, dass in Jahresabschlüssen nach IAS/IFRS die Gewinne tendenziell früher ausgewiesen werden als nach HGB.

2.3 Rückstellungen

▬▬ Fall 105

Rudi Rastlos arbeitet – wie immer – im Dezember 01 für die X-GmbH. Er erhält sein Gehalt am 30.12.01 per Banküberweisung.

Wie lautet der Buchungssatz bei der X-GmbH?

Die Frage ist wirklich schlicht zu beantworten:
Im Dezember 01:   Lohnaufwand an Bank

▬▬ Fall 106

Rudi Rastlos arbeitet – wie immer – im Dezember 01 für die X-GmbH. Er erhält aufgrund eines Computerabsturzes sein Gehalt erst am 2.1.02 per Banküberweisung. Wie lautet der Buchungssatz bei der X-GmbH?

Diese Frage ist ebenfalls schlicht zu beantworten. Der Lohnaufwand ist aufgrund des Aufwandsrealisationsprinzips in der Periode zu erfassen, in der Rudi seine Gegenleistung erbracht hat. Daher:

| Im Dezember 01: | Lohnaufwand | an | Sonstige Verbindlichkeiten |
| Im Januar 02: | Sonstige Verbindlichkeiten | an | Bank |

■ Fall 107

Rudi Rastlos arbeitet – wie immer – im Dezember 01 für die X-GmbH. Der Arbeitsvertrag sieht vor, dass er sein Gehalt erst am 2.1.26 per Banküberweisung erhält.

Wie lautet der Buchungssatz bei der X-GmbH?

Diese Frage ist nicht schlicht zu beantworten. Der Lohnaufwand ist aufgrund des Aufwandsrealisationsprinzips in der Periode zu erfassen, in der Rudi seine Gegenleistung erbracht hat. Daher:

Im Dezember 01:   Lohnaufwand   an   ...?...
Am 2.1.26:   ...?...   an   Bank

Die X-GmbH hat im Dezember 01 von Rudi eine Leistung aus einem zweiseitigen Vertrag erhalten. Ihre Gegenleistung ist sie aber noch schuldig. Damit liegt eine Verbindlichkeit vor. Allerdings ist unklar, ob Rudi in 25 Jahren überhaupt noch in der Lage sein wird, seinen Arbeitslohn in Empfang zu nehmen. Vielleicht hat er sich ja dann bereits zu Tode gearbeitet. Schlecht für ihn, gut für das Unternehmen; insbesondere, wenn die Vereinbarung den Übergang auf einen Rchtsnachfolger ausschließt. Ob es also tatsächlich jemals zu einer entsprechenden Auszahlung kommt, ist ungewiss. Das heißt, die Verbindlichkeit ist ungewiss. § 249 Abs. 1 S. 1 HGB schreibt explizit vor, dass derartige ungewisse Verbindlichkeiten als Rückstellungen (hier: Pensionsrückstellung) passiviert werden müssen.

> **Rückstellungen für ungewisse Verbindlichkeiten** sind Schulden, bei denen die spätere Auszahlung und deren Höhe ungewiss sind. Sie stellen voraussichtliche spätere Auszahlungen dar, die bereits am Abschlussstichtag als Aufwand erfasst werden.

Mit Verbindlichkeiten haben sie gemeinsam, dass sie in der Periode bilanziert werden, in der die Schuld wirtschaftlich verursacht ist, und nicht erst in der Periode, in der die Schuld fällig oder geltend gemacht wird.

Der Gesetzgeber unterscheidet in § 249 HGB drei Arten von Rückstellungen:

▶ Rückstellungen für ungewisse Verbindlichkeiten (Verbindlichkeitsrückstellungen),
▶ Rückstellungen für künftige Ausgaben (Aufwandsrückstellungen) und
▶ Rückstellungen für drohende Verluste aus schwebenden Geschäften (Drohverlustrückstellungen).

Verbindlichkeits- und Aufwandsrückstellungen sind Ausfluss des Realisationsprinzips, während sich Drohverlustrückstellungen aus dem Imparitätsprinzip ableiten.

2.3.1 Verbindlichkeits- und Aufwandsrückstellungen

Rückstellungen für ungewisse Verbindlichkeiten müssen gemäß § 249 Abs. 1 S. 1 HGB gebildet werden. Ihre Passivierung dient dazu, Ausgaben den zugehörigen Erträgen periodengerecht zuzuordnen. Sie sind damit Ausfluss des Realisationsprinzips.

Voraussetzung für die Bildung einer Rückstellung für ungewisse Verbindlichkeiten ist das Vorliegen einer Außenverpflichtung (rechtliche Verpflichtung gegenüber einem Dritten).

Ein klassisches Beispiel sind die in Fall 107 behandelten Pensionsrückstellungen. Viele Unternehmen bieten ihren Mitarbeitern neben dem Arbeitslohn eine betriebliche Altersversorgung (Pensionszahlung). Sie stellt eine spätere Auszahlung dar, die bereits jetzt (durch die Arbeitsleistung) verursacht wurde. Diese spätere Auszahlung stellt eine ungewisse Schuld des Unternehmens dar. Die Rückstellung wird im Zeitpunkt der wirtschaftlichen Verursachung gebildet bzw. zugeschrieben (Buchung: Lohnaufwand an Pensionsrückstellung) und bei Zahlung der Pension aufgelöst bzw. abgestockt (Buchung: Pensionsrückstellung an Bank).

Die Bildung einer Rückstellung führt zu Aufwand. Sofern sie dem Grunde und der Höhe nach richtig gebildet wurde, ist die Auflösung erfolgsneutral.

Damit müssen die Buchungen in Fall 107 wie folgt lauten:

Im Dezember 01:   Lohnaufwand   an Pensionsrückstellungen
Am 2.1.26:   Pensionsrückstellungen an Bank

Wurde die Rückstellung hingegen zu hoch bewertet, muss später der bei der Auflösung überschüssige Betrag als Ertrag ausgewiesen werden.

▅▅▅ Fall 108

Die X-Supercar-GmbH handelt mit gebrauchten Fahrzeugen. Sie sichert ihren Kunden vertraglich zu, dass ab Lieferdatum zwei Jahre lang alle auftretenden Motor- und Getriebemängel kostenlos repariert werden, sofern es sich nicht um normalen Verschleiß handelt. Erfahrungsgemäß treten tatsächlich Garantiefälle auf, die immer etwa 5 % der Umsätze ausmachen.

Ist eine Rückstellung zu bilden?

Die voraussichtlichen künftigen Auszahlungen sind durch die bereits realisierten Erträge (Umsätze) verursacht. Sie sind diesen daher nach dem Aufwandsrealisationsprinzip periodengerecht zuzuordnen. Da auch eine Außenverpflichtung vorliegt, muss gemäß § 249 Abs. 1 S. 1 HGB eine Verbindlichkeitsrückstellung (sie wird Garantierückstellung genannt) passiviert werden.

Klassische Beispiele für Verbindlichkeitsrückstellungen sind

▶ Pensions-, Garantie-, und Prozesskostenrückstellungen (zivilrechtliche Verpflichtungen) sowie
▶ Sanierungskosten-, Körperschaftsteuer- und Gewerbesteuerrückstellungen (öffentlich rechtliche Verpflichtungen).

Zurück zu Fall 108: Wie kann man nun die Höhe der Garantierückstellung bemessen?

Grundsätzlich gibt der Gesetzgeber durch § 252 Abs. 1 Nr. 4 HGB und § 253 Abs. 1 S. 2 HGB einen Rahmen für die Bewertung von Rückstellungen vor. Während die erste Norm – das Vorsichtsprinzip – sicherstellen soll, dass die Schuld nicht zu gering bewertet wird, sorgt die zweitgenannte Norm dafür, dass die Rückstellung nicht zu hoch („... nur in

Höhe des Betrags anzusetzen, der nach vernünftiger kaufmännischer Beurteilung notwendig ist;") bewertet wird. Rechtsprechung, Praxis und Wissenschaft haben hinsichtlich der Garantierückstellung eine Konkretisierung vorgenommen, die der Methodik bei außerplanmäßigen Abschreibungen auf Forderungen ähnlich ist (vgl. Lektion 10, Punkt 3).

Zunächst sind Einzelrückstellungen für solche Geschäfte zu bilden, bei denen der bilanzierende Kaufmann konkrete Hinweise für Leistungsmängel hat. Darüber hinaus ist mit Hilfe statistischer Verfahren das übrige Gewährleistungsrisiko des Unternehmens abzuschätzen und durch Pauschalrückstellungen im Jahresabschluss abzubilden.

▮▮ Fall 109

Wie Fall 108. X verkauft am 30.12.01 eine wirkliche Rostlaube an den Kunden Redlich. Als X am 10.1.02 den Jahresabschluss erstellt hat, wundert er sich, dass sich Redlich noch immer nicht gemeldet hat.

Ist eine Einzel- oder Pauschalrückstellung zu bilden?

Auch wenn der verkaufte Vermögensgegenstand technisch verwahrlost war, hat X keine Anhaltspunkte für eine Einzelrückstellung. Das Gewährleistungsrisiko ist somit in der Pauschalrückstellung mit abzudecken. Anders wäre es, wenn der Kunde sich bereits gemeldet und einen Schaden reklamiert hätte.

▮▮ Fall 110

Die X-Supercar-GmbH handelt immer noch mit gebrauchten Fahrzeugen. X verkauft am 30.12.01 eine weitere Rostlaube an den Kunden Alltreu. Als X am 10.1.02 den Jahresabschluss erstellt, meldet sich Alltreu telefonisch und reklamiert einen Motorschaden, der nicht unter die gesetzliche Sachmängelhaftung fällt. Die Reparaturausgaben schätzt X realistisch mit 3.000 €.

Ist nun eine Einzelrückstellung zu bilden?

Eigentlich schon. Allerdings hat Alltreu vergessen, die Garantievereinbarung abzuschließen; schade auch. Somit hat die X-GmbH auch keine Außenverpflichtung. Und wo keine rechtliche Verpflichtung ist, kann auch keine ungewisse Verbindlichkeit entstehen.

Fall 111

Wie Fall 110. Entgegen seiner Natur bekommt Alltreu einen Tobsuchts-anfall, als X ihm offenbart, dass die GmbH rechtlich nicht zur Reparatur verpflichtet werden kann. Aus Angst vor physischer Gewalt und weil All-treu auch weiterhin ein guter Kunde der GmbH bleiben soll, gewährt X die Reparatur auf Kulanzbasis.

Hat das Auswirkungen auf den Jahresabschluss?

Jawohl! Auch wenn eigentlich keine Außenverpflichtung vorliegt, hat der Gesetzgeber in § 249 Abs. 1 S. 2 Nr. 2 HGB für Kulanzrückstellungen ex-plizit eine Passivierungspflicht kodifiziert. Bitte lesen Sie nun § 249 Abs. 1 S. 2 und 3 sowie Abs. 2 HGB vollständig. Hier hat der Gesetzgeber ein Konglomerat von Rückstellungen geschaffen, die alle ohne Außenver-pflichtung bestehen und als Ausfluss des Realisationsprinzips interpre-tiert werden können. Sie werden in der Literatur und Praxis unter dem Begriff Aufwandsrückstellungen zusammengefasst.

> Eine **Aufwandsrückstellung** wird passiviert, wenn ohne Außenver-pflichtung, also ohne rechtliche Verpflichtung gegenüber Dritten, in der Zukunft Auszahlungen entstehen, die bereits realisierten Erträ-gen zuzuordnen sind.

Für die Passivierung von Aufwandsrückstellungen existiert grundsätzlich ein Passivierungswahlrecht gemäß § 249 Abs. 2 HGB, in bestimmten Aus-nahmefällen (§ 249 Abs. 1 S. 2 HGB) aber eine Passivierungspflicht. Die-se greift bei:

▶ Rückstellungen für unterlassene Instandhaltungen, die innerhalb von drei Monaten im folgenden Geschäftsjahr nachgeholt werden,
▶ Rückstellungen für Abraumbeseitigung, die im folgenden Geschäfts-jahr nachgeholt werden, und
▶ Kulanzrückstellungen. Sofern ein faktischer Leistungszwang besteht, wird die Kulanzrückstellung in der Literatur auch unter die ungewis-sen Verbindlichkeiten subsumiert.

Nach den IAS/IFRS sind Rückstellungen (provisions) nur passivierbar, wenn eine Außenverpflichtung vorliegt (IAS 37.20). Daher sind Aufwandsrückstellungen in IFRS-Abschlüssen nicht zulässig. Auch dies ist ein Beispiel dafür, dass IFRS-Abschlüsse tendenziell zu einem früheren Gewinnausweis führen als HGB-Abschlüsse.

2.3.2 Drohverlustrückstellungen

▬ Fall 112

Die X-GmbH hat am 12.11.01 mit der Y-AG einen Vertrag geschlossen. Darin verpflichtet sie sich, der Y-AG am 15.3.02 eine Spezialmaschine zum Festpreis von 150.000 € (netto) zu liefern. Die Y-AG hat den Kaufpreis innerhalb von 14 Tagen nach Lieferung ohne Abzüge zu überweisen.

Wie ist der Sachverhalt in der Bilanz der X-GmbH zum 31.12.01 auszuweisen?

Wie Sie wissen, handelt es sich um ein schwebendes Geschäft. Sie haben gelernt, dass schwebende Geschäfte grundsätzlich nicht bilanziert werden.

▬ Fall 113

Wie Fall 112, allerdings hat die X-GmbH die Maschine am 31.12.01 schon hergestellt. Die Herstellungskosten betrugen 168.000 €. Für den Transport zur Y-AG werden noch in 02 weitere 2.000 € Ausgaben anfallen.

Wie ist der Sachverhalt in der Bilanz der X-GmbH zum 31.12.01 auszuweisen?

Diesen Fall können Sie mit Ihrem Wissen aus Lektion 10 lösen. Die X-GmbH ist am 31.12.01 rechtlicher und wirtschaftlicher Eigentümer des Fertigfabrikats. Die Maschine ist gemäß §§ 246 Abs. 1 S. 1 HGB und 253 Abs. 1 S. 1 HGB i.V.m. 255 Abs. 2 HGB mit ihren Herstellungskosten (mindestens mit den Einzelkosten) zu aktivieren. Wenn aber der aus dem Marktwert abgeleitete Tageswert geringer ist, muss gemäß § 253 Abs. 3 S. 1 HGB eine Abschreibung (gemeint ist eine außerplanmäßige Abschreibung) erfolgen. Dieses strenge Niederstwertprinzip ist die Konkretisierung des Imparitätsprinzips.

Haben Sie diesen Absatz genau gelesen?

Wenn nicht, wiederholen Sie ihn bitte, da Sie sonst die folgenden
Ausführungen nicht verstehen können.

Der Marktwert ist vertraglich auf 150.000 € festgelegt worden. Der Tageswert ist aus dem Marktwert abzuleiten. Da noch 2.000 € Vertriebskosten auf die X-GmbH zukommen, beträgt der Tageswert 148.000 €. Sollte Ihnen das unklar sein, fragen Sie sich, wieviel Sie der X-GmbH maximal zahlen würden, um den Vertrag zu übernehmen. Eben!

Damit ist das Fertigfabrikat (HK 168.000 €) um 20.000 € auf den Tageswert (148.000 €) abzuschreiben. Die Buchung am 31.12.01 lautet:

Außerplanmäßige Abschreibung	20.000	an	Fertigfabrikate	20.000

Durch die außerplanmäßige Abschreibung wurde der drohende Verlust
antizipiert. Die Lieferung am 15.3.02 erfolgt dann erfolgsneutral:

Forderungen aus L. u. L.	174.000	an	Umsatzerlöse USt	150.000 24.000
Herstellungs-aufwand	148.000	an	Fertigfabrikate	148.000
Transportaufwand VorSt	2.000 320	an	Bank	2.320

▬▬ Fall 114

Wie Fall 112, allerdings hat die X-GmbH die Maschine am 31.12.01 nicht
mit den vollen Herstellungskosten (168.000 €) aktiviert, sondern 10.000 €
Gemeinkosten als laufenden Aufwand gebucht.

Wie ist der Sachverhalt in der Bilanz der X-GmbH zum 31.12.01 auszuweisen?

Der Tageswert beträgt weiterhin 148.000 €. Damit ist das Fertigfabrikat
von 158.000 € um 10.000 € auf den Tageswert abzuschreiben. Buchung
am 31.12.01:

Außerplanmäßige Abschreibung 10.000   an   Fertigfabrikate 10.000

Durch die außerplanmäßige Abschreibung (10.000 €) und die Buchung der Gemeinkosten als laufenden Aufwand (10.000 €) wurde der drohende Verlust (20.000 €) antizipiert. Die Lieferung am 15.3.02 erfolgt dann wie eben erfolgsneutral.

▬▬ Fall 115

Wie Fall 112. Am 31.12.01 hat die X-GmbH die Maschine noch nicht hergestellt. Eine solide Kalkulation ergibt aber, dass die Selbstkosten voraussichtlich 170.000 € (Herstellungskosten 168.000 € und Vertriebskosten 2.000 €) betragen werden.

Wie ist der Sachverhalt in der Bilanz der X-GmbH zum 31.12.01 auszuweisen?

Der Marktwert beträgt immer noch 150.000 €. Damit droht durch das schwebende Geschäft ein Verlust in Höhe von 20.000 €. Drohende Verluste sind nach dem Imparitätsprinzip zu antizipieren. Das Problem besteht darin, dass noch kein Vermögensgegenstand existiert, den man außerplanmäßig um 20.000 € abschreiben könnte. Denn die Buchung am 31.12.01 muss lauten:

irgendein Aufwand 20.000 an irgendein Bestandskonto 20.000

In seiner Not hat der Gesetzgeber den Grundsatz, dass schwebende Geschäfte nicht zu bilanzieren sind, ausnahmsweise durchbrochen und fordert in § 249 Abs. 1 S. 1 HGB die Passivierung einer Rückstellung für drohende Verluste aus schwebenden Geschäften, wenn der drohende Verlust nicht durch eine außerplanmäßige Abschreibung antizipiert werden kann. Die Buchung am 31.12.01 muss lauten:

Sonstiger betrieb-   20.000   an   Drohverlustrück-   20.000
licher Aufwand   stellung

Wird die Maschine in 02 hergestellt und geliefert, ist dies im Ergebnis wieder erfolgsneutral auszuweisen:

Forderungen   174.000   an   Umsatzerlöse   150.000
aus L. u. L.   USt   24.000

▶

Herstellungsaufwand	168.000	an	Fertigfabrikate		168.000
Transportaufwand	2.000	an	Bank		2.320
VorSt	320				

Zugleich wird die Drohverlustrückstellung erfolgswirksam aufgelöst:

Drohverlust-	20.000	an	sonstiger betrieblicher	20.000
rückstellung			Ertrag	

S	GuV-Konto (in Tsd. €)		H
Herstellungsaufwand	168	Umsatzerlöse	150
Vertriebsaufwand	2	Sonstiger betrieb-	
		licher Ertrag	20
	170		170

Leitsatz 22

!

Rückstellungen

Rückstellungen für ungewisse Verbindlichkeiten sind Schulden (Außenverpflichtung), bei denen die spätere Auszahlung und deren Höhe ungewiss sind. Sie stellen voraussichtliche spätere Auszahlungen dar, die aufgrund des Realisationsprinzips bereits am Abschlussstichtag als Aufwand erfasst werden (§ 249 Abs. 1 S. 1 HGB).

Aufwandsrückstellungen werden aufgrund des Realisationsprinzips passiviert, wenn ohne Außenverpflichtung in der Zukunft Auszahlungen entstehen, die bereits realisierten Erträgen zuzuordnen sind (§ 249 Abs. 1 S. 2 und Abs. 2 HGB).

Schwebende Geschäfte werden grundsätzlich nicht bilanziert. Nur wenn ein Verpflichtungsüberschuss vorliegt, also der Wert der eigenen Leistung die Gegenleistung übersteigt, ist die Differenz in Form einer **Drohverlustrückstellung** zu berücksichtigen (§ 249 Abs. 1 S. 1 HGB). Drohverlustrückstellungen dienen damit der Antizipation drohender Verluste (Imparitätsprinzip). Sie sind nur zu bilden, wenn der drohende Verlust nicht durch außerplanmäßige Abschreibungen antizipiert werden kann.

Lektion 12
Das Eigenkapital als Saldogröße

1 Zusammensetzung und Änderung des Eigenkapitals

Das Eigenkapitalkonto ist ein passives Bestandskonto, über das auch Erfolge gebucht werden. Es nimmt damit in der Bilanz eine Ausnahmestellung ein:

▶ Zum einen finden alle erfolgswirksamen Geschäftsvorfälle durch die Übernahme des Saldos (Jahresüberschuss oder Jahresfehlbetrag) aus dem GuV-Konto Eingang in das Eigenkapitalkonto.
▶ Zum anderen wird die Höhe des Eigenkapitals durch erfolgsneutrale Vorgänge geändert. Dies ist der Fall bei Einlagen und Entnahmen.

Von Einlagen spricht man, wenn ein Gesellschafter des Unternehmens Geld oder Sachgüter aus seinem Privatvermögen in das Betriebsvermögen überführt. Entnahmen liegen dann vor, wenn ein Gesellschafter des Unternehmens Geld, Nutzungen oder Sachgüter in sein Privatvermögen überführt. Zu den Entnahmen zählt auch die Bezahlung privater Ausgaben des Gesellschafters über ein betriebliches Geldkonto.

Während bei Einzel- und Personenunternehmen solche Übertragungen als Einlagen bezeichnet werden, heißen sie bei Kapitalgesellschaften Kapitalerhöhungen. Entsprechend werden die Entnahmen bei Kapitalgesellschaften Gewinnausschüttungen genannt, sofern sie aus Gewinnen geleistet werden, die in der abgelaufenen Periode oder in früheren Perioden entstanden sind. Gibt eine Kapitalgesellschaft Gesellschaftern dagegen einen Teil der Mittel zurück, die die Gesellschafter ursprünglich zur Verfügung gestellt hatten, so wird dies als Kapitalherabsetzung bezeichnet.

Da als Periodenerfolg (Jahresüberschuss oder Jahresfehlbetrag) nur die aus unternehmerischer Tätigkeit resultierende Eigenkapitalveränderung erfasst werden soll, müssen bei seiner Ermittlung durch Eigenkapitalvergleich die Einlagen abgezogen und die Entnahmen hinzugerechnet werden (erweiterte Distanzrechnung):

Übersicht 17: Erweiterte Distanzrechnung

	Eigenkapital 31.12.t_1
–	Eigenkapital 31.12.t_0
+	Entnahmen in t_1
–	Einlagen in t_1
=	Erfolg in t_1

2 Das Eigenkapital bei Einzelunternehmen

Wegen der mangelnden Übersichtlichkeit ist eine Buchung der Einlagen und Entnahmen direkt über das Eigenkapitalkonto unzweckmäßig. Deshalb wird in der Praxis häufig das Konto Privat eingeführt. Es ist ein Unterkonto des Eigenkapitalkontos und wird über dieses abgeschlossen. Das Unterkonto folgt im Formalismus dem Hauptkonto: Einlagen (Zugänge) werden im Haben und Entnahmen (Abgänge) im Soll gebucht. Da auf dem Privatkonto nur Strömungsgrößen gebucht werden, enthält es keinen Anfangs- und keinen Endbestand.

Fall 116

Die Handelsbilanz des Einzelunternehmers Z weist zum 31.12.01 ein Eigenkapital von 50.000 € aus. Im Geschäftsjahr 02 erzielt das Einzelunternehmen einen Jahresüberschuss von 60.000 €. Buchen Sie die folgenden Geschäftsvorfälle und schließen Sie das Privatkonto ab.

Am 2.1.02 und am 2.7.02 entnimmt Z jeweils 20.000 € aus der Kasse, um seinen Lebensunterhalt zu bestreiten. Am 15.9.02 geht eine Einkommensteuererstattung (2.000 €) auf dem betrieblichen Bankkonto ein. Am 3.12.02 legt Z seinen zwei Jahre alten, bislang privat genutzten Opel Frontera Limited in das Einzelunternehmen ein (Marktwert 37.000 € netto).

Während Ihnen die beiden Barentnahmen keine Probleme bereiten sollten, sind die Einlagen kniffliger. Bedenken Sie, dass die Einkommensteuer eine private Ausgabe des Z ist. Würde er sie vom betrieblichen Bankkonto zahlen, wäre dies praktisch eine Entnahme, um private Schulden zu begleichen. Analog ist eine Einkommensteuererstattung auch sein Privatvergnügen. Landet das Geld auf dem betrieblichen Bankkonto, liegt folglich eine Einlage vor. Die Einlage des PKW ist eine Sacheinlage.

Die Bewertung von Sacheinlagen und Sachentnahmen ist in der Literatur umstritten. Sachgerecht ist es, sie zum Marktwert zu buchen.

2.1.02:	Privat	20.000	an	Kasse	20.000	(Entnahme)
2.7.02:	Privat	20.000	an	Kasse	20.000	(Entnahme)
15.9.02:	Bank	2.000	an	Privat	2.000	(Einlage)
3.12.02:	Fahrzeuge	37.000	an	Privat	37.000	(Einlage)

Am Abschlussstichtag ergibt sich auf dem Privatkonto ein Habensaldo von 1.000 €. Er wird über das Eigenkapitalkonto abgeschlossen:

Eigenkapitalkonto	1.000	an	Privat	1.000

Wenn auch das GuV-Konto abgeschlossen wird (GuV-Konto an Eigenkapitalkonto 60.000 €), stehen im Eigenkapitalkonto nur vier Zahlen: der Anfangsbestand (50.000 €), ein Zugang (Jahresüberschuss 60.000 €), ein Abgang (Saldo des Privatkontos 1.000 €) und der Endbestand zum 31.12.02 (109.000 €), der dann in das Schlussbilanzkonto gebucht wird.

Eigenkapitalkonto	109.000	an	SBK	109.000

3 Das Eigenkapital bei Personengesellschaften

Bei Personengesellschaften haftet mindestens einer der Gesellschafter mit seinem gesamten Vermögen für die Schulden der Gesellschaft. Bei der offenen Handelsgesellschaft (OHG) haften alle Gesellschafter mit ihrem gesamten Vermögen für die Gesellschaftsschulden. Bei der Kommanditgesellschaft (KG) haftet der so genannte Komplementär mit seinem gesamten Vermögen, während die Haftung des Kommanditisten auf seine Einlage beschränkt ist. Bei der Gesellschaft bürgerlichen Rechtes (GbR) sind sowohl unbeschränkte (Regelfall) als auch beschränkte Haftung für die Gesellschaftsschulden möglich.

Aber das wissen Sie ja selbst; oder nicht?

Dann können Sie Ihr Wissensdefizit mit den Lektionen 7 bis 9 aus *Nawratil*, „HGB – *leicht gemacht*" verringern.

Personengesellschaften sind keine Rechtspersonen. Daher steht der Jahresüberschuss, der erzielt wird, nicht ihnen, sondern den Gesellschaftern zu (Transparenzprinzip). Er ist unter ihnen aufzuteilen. Die Bilanzposition Eigenkapital wird deshalb zerlegt: Jeder Gesellschafter erhält sein eigenes Eigenkapitalkonto. Korrespondierend dazu wird jedem Gesellschafter ein Privatkonto als Unterkonto zugeordnet.

Die Eigenkapitalkonten werden – analog zum Einzelunternehmen – direkt vom Periodenerfolg beeinflusst. Der Gesetzgeber hat zwar in § 121 HGB (für die OHG) bzw. in den §§ 167 bis 169 HGB (für die KG) eine Gewinnverteilung vorgeschlagen. Diese Normen stellen aber lediglich dispositives Recht dar.

In der Praxis wird die Erfolgsbeteiligung fast immer explizit im Gesellschaftsvertrag vereinbart. Am einfachsten ist es, wenn der Erfolg nach den Eigenkapitalkonten geschlüsselt würde. Durch Einlagen und Entnahmen würden sich aber die Schlüsselungen ständig ändern. Daher wird in Gesellschaftsverträgen häufig vereinbart, dass die Gewinnbeteiligungen nach der ursprünglich vereinbarten Höhe der Eigenkapitalanteile bemessen werden. Darüber hinaus erfolgende Einlagen und Entnahmen werden nur noch zu einem vereinbarten Satz, z. B. 4 %, verzinst. Hierfür wird der Eigenkapitalanteil eines Gesellschafters in zwei Positionen festgehalten:

▶ Ein so genanntes festes Kapitalkonto oder Kapitalkonto I misst die ursprünglich vereinbarte Beteiligung am Eigenkapital und dient als Bemessungsgrundlage für die Gewinnverteilung. Wie der Name sagt, ändert sich seine Höhe im Zeitablauf nicht.

▶ In einem zusätzlichen variablen Kapitalkonto oder Kapitalkonto II wird der veränderliche Teil des Eigenkapitalanteils jedes Gesellschafters festgehalten. Gewinnanteile und nachträgliche Einlagen erhöhen den Stand dieses Kontos, Verlustanteile und Entnahmen mindern ihn.

■ Fall 117

Die ABC-OHG, an der die drei Gesellschafter A, B und C beteiligt sind, hat im Geschäftsjahr 02 einen Jahresüberschuss von 242.500 € erzielt. Die Eigenkapitalkonten wiesen zum 31.12.01 folgende Bestände aus:

A: Eigenkapitalkonto I   200.000
A: Eigenkapitalkonto II   10.000
B: Eigenkapitalkonto I   200.000
B: Eigenkapitalkonto II   40.000
C: Eigenkapitalkonto I   400.000
C: Eigenkapitalkonto II   0

Im Gesellschaftsvertrag wurde vereinbart, dass Gewinn- und Verlustbeteiligungen nach der ursprünglich vereinbarten Höhe der Eigenkapitalanteile (Kapitalkonten I) bemessen werden. Kapitalkonten II werden zuvor nach dem Stand des 31.12. des Vorjahres mit 5 % verzinst.

Wie lautet die Buchung, um das GuV-Konto abzuschließen?

GuV-Konto 242.500	an	A:	Eigenkapitalkonto II	500
		B:	Eigenkapitalkonto II	2.000
		A:	Eigenkapitalkonto II	60.000
		B:	Eigenkapitalkonto II	60.000
		C:	Eigenkapitalkonto II	120.000

Bei der Buchung des Eigenkapitals von Kommanditisten einer KG ist zu beachten, dass ihr bilanziertes Eigenkapital konstant ist und dem im Handelsregister eingetragenen entspricht. Daher wird ihr Anteil am Jahresüberschuss nicht dem Eigenkapitalkonto gutgeschrieben, sondern – solange er nicht ausgezahlt wurde – als sonstige Verbindlichkeit der KG gegenüber dem Gesellschafter bilanziert.

4 Das Eigenkapital bei Kapitalgesellschaften

Kapitalgesellschaften haben im Unterschied zu Personengesellschaften eine eigene Rechtspersönlichkeit. Sie sind juristische Personen. Die Haftung der Gesellschafter ist grundsätzlich auf das Gesellschaftsvermögen beschränkt. Zu den Kapitalgesellschaften zählen insbesondere die Aktiengesellschaft (AG) und die Gesellschaft mit beschränkter Haftung (GmbH). Die KGaA als dritte Form taucht selten (z. B. im Profifußball) auf.

Kapitalgesellschaften besitzen ein der Höhe nach fixiertes Mindestkapital (das Gezeichnete Kapital), das eine gesetzlich bestimmte Grenze nicht unterschreiten darf (50.000 € bei der AG, 25.000 € bei der GmbH). Das Gezeichnete Kapital der AG bezeichnet man als Grundkapital, das der GmbH als Stammkapital. Vernachlässigt man Kapitalrücklagen, so setzt sich das Eigenkapital einer Kapitalgesellschaft aus Gezeichnetem Kapital (fixe Größe) und Gewinnrücklagen (variable Größe) zusammen (bitte § 266 Abs. 3 A. HGB nachschlagen).

Ein wirklich wichtiger Hinweis: Verwechseln Sie nie die Begriffe Rückstellung und Rücklage! Rückstellungen sind Teil des Fremdkapitals, also Schulden; während Rücklagen zum Eigenkapital gehören.

Fall 118

Die X-GmbH hat im Geschäftsjahr 01 einen Jahresüberschuss von 200.000 € erzielt. X hat das GuV-Konto erstellt und will es nunmehr abschließen.

Wie lautet die Buchung?

Wurde ein Jahresüberschuss erzielt, so wird der Saldo des GuV-Kontos zunächst auf das Eigenkapitalkonto Jahresüberschuss gebucht. Da die Kapitalgesellschaft eine eigene Rechtsperson ist, ist dies auch ihr Jahresüberschuss. Damit aus dem Gewinn der X-GmbH eine Dividende (Gewinnausschüttung) an die Gesellschafter wird, muss die Gesellschafterversammlung über die Gewinnverwendung beschließen (Trennungsprinzip). Zu Beginn des neuen Geschäftsjahres erfolgt daher zunächst eine Umbuchung auf das Konto Gewinnverwendung, das ebenfalls ein Unterkonto des Eigenkapitalkontos ist.

31.12.01: GuV-Konto   200.000   an Jahresüberschuss   200.000
1.1.02:   Jahresüberschuss 200.000   an Gewinnverwendung 200.000

Weiter mit Fall 118 Die Gesellschafterversammlung beschließt am 21.4.02, dass 50 % des Jahresüberschusses aus 01 ausgeschüttet werden sollen.

Das Konto Gewinnverwendung wird aufgelöst, nachdem die Gesellschafterversammlung über die Gewinnverwendung entschieden hat:

▶ Wird der Gewinn in voller Höhe einbehalten (thesauriert), so findet ein Passivtausch statt. Das Konto Gewinnverwendung verringert sich um den Thesaurierungsbetrag, das Konto Gewinnrücklagen nimmt um diesen Betrag zu.

▶ Erfolgt eine vollständige Ausschüttung, so findet eine Bilanzverkürzung statt. Zum einen wird das Eigenkapital durch die Minderung des Unterkontos Gewinnverwendung gemindert, zum anderen wird ein Geldkonto des Unternehmens verringert.

Kommt es, wie hier, zu einer teilweisen Thesaurierung, so liegen Passivtausch und Bilanzverkürzung gemeinsam vor.

21.4.02:	Gewinnverwendung	200.000	an	Bank	100.000
				Gewinn-	
				rücklagen	100.000

Die Gewinnrücklagen enthalten somit die nicht ausgeschütteten Jahresüberschüsse früherer Geschäftsjahre. Sie werden danach unterteilt, ob ihre Bildung auf einer gesetzlichen Verpflichtung beruht, ob die Satzung der Kapitalgesellschaft ihre Bildung fordert oder ob sie „freiwillig" gebildet worden sind. Schlagen Sie bitte in § 266 Abs. 3 A. III. HGB nach.

Fall 119

Was würde sich an Fall 118 ändern, wenn die Gesellschafterversammlung keine Entscheidung über die Gewinnverwendung trifft?

Da das Konto Gewinnverwendung lediglich ein Unterkonto ist, taucht es im Jahresabschluss nicht auf. Daher hat der Gesetzgeber mit § 266 Abs. 3 A. IV. HGB den Eigenkapitalposten Gewinnvortrag/Verlustvortrag geschaffen, wenn über die Erfolgsverwendung erst später entschieden werden soll. Es wird also umgebucht:

Gewinnverwendung	200.000	an	Gewinnvortrag	200.000

Ein letzter Tipp: Wenn Sie Ihren Lernerfolg deutlich steigern wollen, sollten Sie das Buch nochmals durchlesen. Sie werden eine Reihe von (überlesenen) Informationen erhalten und manche Missverständnisse ausräumen!

Abkürzungsverzeichnis

A	Aktivseite
AB	Anfangsbestand
Abs.	Absatz
ADHGB	Allgemeines Deutsches Handelsgesetzbuch
AfA	Absetzung für Abnutzung
AfaA	Absetzung für außergewöhnliche technische oder wirtschaftliche Abnutzung
AG	Aktiengesellschaft
AHK	Anschaffungs- oder Herstellungskosten
AktG	Aktiengesetz
Anm. d. Verf.	Anmerkung der Verfasser
AO	Abgabenordnung
aRAP	aktive Rechnungsabgrenzung
BFH	Bundesfinanzhof
BGA	Betriebs- und Geschäftsausstattung
bzw.	beziehungsweise
d.h.	das heißt
DSR	Deutscher Standardisierungsrat
e.G.	eingetragene Genossenschaft
EB	Endbestand
EBK	Eröffnungsbilanzkonto
EDV	Elektronische Datenverarbeitung
EG	Europäische Gemeinschaft
EKR	Kontenrahmen für den Einzelhandel
EGHGB	Einführungsgesetz zum HGB
EStG	Einkommensteuergesetz
etc.	et cetera
EWR	Europäischer Wirtschaftsraum
f.	folgende
FE	fertige Erzeugnisse
ff.	fortfolgende
FiFo	First in – First out
GbR	Gesellschaft bürgerlichen Rechts
GKR	Gemeinschaftskontenrahmen der Industrie
GKV	Gesamtkostenverfahren
GmbH	Gesellschaft mit beschränkter Haftung
GmbHG	GmbH-Gesetz

GmbH & Co. KG	Gesellschaft mit beschränkter Haftung und Co. Kommanditgesellschaft
GoB	Grundsätze ordnungsmäßiger Buchführung
GuV	Gewinn- und Verlustrechnung
H	Haben
HGB	Handelsgesetzbuch
HK	Herstellungskosten
i.d.R.	in der Regel
i.H.v.	in Höhe von
i.S.d.	im Sinne des
i.V.m.	in Verbindung mit
IAS	International Accouting Standards
IASB	International Accounting Standards Board
IdW	Institut der Wirtschaftsprüfer
IFRS	International Financial Reporting Standards
IKR	Industriekontenrahmen
KapCoRiLiG	Kapitalgesellschaften & Co-Richtliniegesetz
KER	Kurzfristige Erfolgsrechnung
kfm.	kaufmännischer
KG	Kommanditgesellschaft
KGaA	Kommanditgesellschaft auf Aktien
KonTraG	Gesetz zur Kontrolle und Transparenz im Unternehmensbereich
L.u.L.	Lieferungen und Leistungen
Lfd. Nr.	Laufende Nummer
LiFo	Last in – First out
ND	Nutzungsdauer
NPV	Net Present Value
Nr.	Nummer
Nrn.	Nummern
NYSE	New York Stock Exchange
OHG	Offene Handelsgesellschaft
P	Passivseite
PC	Personal Computer
pRAP	passive Rechnungsabgrenzung
RAP	Rechnungsabgrenzungsposten
RHB	Roh-, Hilfs- und Betriebsstoffe
RW	Restwert
S	Soll
S.	Satz

SAV	Sachanlagevermögen
SBK	Schlussbilanzkonto
SEC	Securities and Exchange Commission
SKR	Datev-Kontenrahmen
TA	Technische Anlagen
Tsd.	Tausend
uE	unfertige Erzeugnisse
u.E.	unseres Erachtens
UKV	Umsatzkostenverfahren
US-GAAP	United States-Generally Accepted Accounting Principles
USt	Umsatzsteuer
UStG	Umsatzsteuergesetz
u.U.	unter Umständen
vgl.	vergleiche
VorSt	Vorsteuer
WEK	Wareneinkaufskonto
WVK	Warenverkaufskonto
z.B.	zum Beispiel
ZPO	Zivilprozessordnung

A

Abschlussbuchung	73
Abschreibungsplan	156
Abschreibungsverfahren	157
AfA-Tabelle	156
Aktiv-Passiv-Mehrung	54
Aktiv-Passiv-Minderung	55
Aktivseite	49
Aktivtausch	52
Anhang	96, 97
Anlagevermögen	93
Anschaffungskosten	119
Anschaffungskosten-prinzip	119, 162
Anschaffungs-nebenkosten	126
Anschaffungspreis	119
Anschaffungs-preisminderung	128
Anzahlung	171, 178
arithmetisch-degressive Abschreibung	159
Aufwand	31
Aufwandsrealisations-prinzip	160
Aufwandsrückstellung	186
Ausgabe	30
Ausgangsumsatzsteuer	122
außerplanmäßige Abschreibung	164
Auszahlung	29

B

Bearbeitungsgebühr	180
Bereitstellungsprovision	180
Bestandsbewertung	21
Bestandserhöhung	148
Bestandsgrößenvergleich	82
Bestandskonto	64
Bestandsminderung	148

Bestandsveränderung	147
Bestätigungsvermerk	100
Bewertungshilfe	141
Bilanz	49, 52
Bilanzidentität	64
Bilanzierungsverbot	116
Bilanzrichtlinie	91
Bilanzverkürzung	55
Bilanzverlängerung	54
Boni	131
Bruttomethode	134
Buchführung	34
Buchführungs-pflicht	35, 36, 38
Buchhaltung	34
Buchungssatz	61
Buchwertabschreibung	158

C

Completed Contract Method	112

D

Damnum	179
Deutscher Standardisierungsrat	105
Dienstleistungs-unternehmen	18
digitale Abschreibung	159
Disagio	179
Distanzrechnung	82
Dokumentationsfunktion	25
Doppik	64
Drohverlustrückstellung	187
Durchschnittsverfahen	44

E

Eigenkapital	94
Eigenkapitalgeber	23
Eigenkapitalkonto	81

Eingangsumsatzsteuer 121
Einheitstheorie 102
Einlage 191, 192
Einnahme 30
Einzahlung 30
Einzelabschluss 24
Einzelkosten 139
Einzelrückstellung 185
Endbestand 73
Enkelunternehmen 27
Entlastungsfunktion 97
Entnahme 191, 192
Erfolgsermittlung 21
Erfolgskonten 82
Ergänzungsfunktion 97
erhaltene Anzahlung 172
Erinnerungswert 156
Erläuterungsfunktion 97
Eröffnungsbilanz 64
Eröffnungsbilanzkonto 65
Ertrag 31
Ertragslage 108
Ertragswert 22, 115
externes
  Rechnungswesen 18

F

Fertigfabrikat 144
Fertigungseinzelkosten 139
Fertigungsgemeinkosten 141
Festbewertung 43
festes Kapitalkonto 194
FiFo-Verfahren 44
Financial Assets 112
finanzielles Gleichgewicht 28
Finanzierungsausgabe 127
Finanzlage 108
Finanzplan 23
Finanzplanung 23

finanzwirtschaftlicher
  Bereich 16
Forderung 166, 176, 179
Fremdkapital 93
Fremdkapitalgeber 23

G

Garantierückstellung 184
geleistete Anzahlung 172
Gemeinkosten 126, 140
gemischtes Verfahren 168
gemischtes Warenkonto 132
geometrisch-degressive
  Abschreibung 158
Gesamtkostenverfahren 147
Geschäftswert 118
getrenntesWarenkonto 133
Gewerbetreibender 35
Gewinn- und
  Verlustkonto 87
Gewinnausschüttung 191
Gewinnrücklage 196, 197
Gewinn- und
  Verlustrechnung 26
Gewinnthesaurierung 26
Gewinnverwendung 196, 197
Gewinnvortrag 197
gezeichnetes Kapital 196
GmbH & Co.-Richtlinie 101
Grundgleichung
  der Bilanz 49
Grundkapital 196
Grundsätze ordnungs-
  gemäßer Buchführung
  (GoB) 107
Gruppenbewertung 44

H

Haben	58
Habenbuchung	58
Halbfabrikat	144
Handelsunternehmen	17
Herstellkosten	21
Herstellungskosten	138

I

Immaterialwert	117
immaterieller Vermögensgegenstand	116
Imparitätsprinzip	109, 110, 162
Industriebetrieb	143
Industrieunternehmen	17
Informationsfunktion	25
Institut der Wirtschaftsprüfer	107
International Accounting Standards	105
International Financial Reporting Standards	105
internes Rechnungswesen	19 ff.
Inventar	44
Inventur	41
Investition	22
Investitionsrechnung	22

J

Jahresfehlbetrag	31, 81, 87
Jahresüberschuss	31, 81, 87

K

Kapital	52, 94
Kapitalerhöhung	191
Kapitalherabsetzung	191
Kapitalkonto	194
Kapitalumschichtung	53
Kapitalwertmethode	22
Kaufmann	35

Kaufmannseigenschaft	35
Kleingewerbetreibende	36
Kontenplan	63
Kontenrahmen	63
Konzern	27
Konzernabschluss	27
Konzernrechnungslegung	101
Kosten	33
Kostenrechnung	21
Kulanzrückstellung	186

L

Lagebericht	98
Leerposten	56
Leistung	33
leistungsabhängige Abschreibung	160
leistungswirtschaftlicher Bereich	16
LiFo-Verfahren	44
lineare Abschreibung	157
Liquidität	23

M

Materialeinzelkosten	139
Materialgemeinkosten	140
Mengenproblem	43
Modellbildung	13

N

Nachtragsbericht	110
Nennwert	165
Nettomethode	135
New York Stock Exchange	103
Niederstwertprinzip	162
Nutzungsdauer	156

O

Offenlegungspflicht 100

P

Pagatorik 29
Passivseite 49
Passivtausch 53
Pauschalbewertung 168
Pauschalrückstellung 185
Pensionsrückstellung 183
Percentage of
  Completion Method 112
planmäßige
  Abschreibung 154, 161
Preisbeurteilung 21
Preiskalkulation 21
Preisnachlass 128
progressive
  Abschreibung 160
provisions 186
Prüfungspflicht 99

R

Rabatt 128
Realisationsprinzip 108, 110
Rechnungsabgrenzungs-
  posten 174, 178
Restwert 156
Risikobericht 99
Rücklage 196
Rücksendung 136
Rückstellung 181
Rumpfwirtschaftsjahr 45

S

Saldierung 64
Saldierungsverbot 87
Saldo 64
Schlussbilanz 74
Schlussbilanzkonto 73, 74

schwebendes Geschäft 169
Skonti 129
Soll 58
Sollbuchung 58
Sondereinzelkosten der
  Fertigung 140
Staffelform 45
Stammkapital 196
Steuerbilanz 28
Stichtagsinventur 42
stille Reserve 114
Strömungs-
  größenvergleich 82

T

Testat 100
T-Konto 57, 58
Tochterunternehmen 27
Transparenzprinzip 194
Trennungsprinzip 196
true and fair view 108

U

Überschuldung 50
Umlaufvermögen 93
Umsatzkostenverfahren 150
Umsatzsteuer 121
Umsatzsteuerzahllast 122
uneinbringliche
  Forderung 166
ungewisse
  Verbindlichkeit 182, 183
US-GAAP 104

V

variables Kapitalkonto 194
Verbindlichkeit 177, 179
Verbrauchsfolgeverfahren 44
Verlustvortrag 197
Vermögen 52

Vermögensgegenstand 115
Vermögenslage 108
Vermögensumschichtung 52
Vertriebskosten 142
Vollständigkeits
  grundsatz 113
vollwertige Forderung 166
Voranmeldezeitraum 125
Vorsichtsprinzip 107, 160
Vorsteuer 121
Vorsteuerabzug 124
Vorsteuerüberhang 124

W

Warenbestandskonto 133
Wareneinkaufskonto 133
Wareneinsatz 133
Warenerfolgskonto 133
Warenkonto 131

Warenrohgewinn 132
Warenverkaufskonto
133Wertaufhellungsprinzip 110
wirtschaftliche
  Betrachtungsweise 170
Wirtschaftlichkeits-
  kontrolle 21
Wirtschaftsgut 116
Wirtschaftsprüfer 99

Z

Zahlungsbemessungs-
  funktion 26
Zeitproblem 41
zusammengesetzte
  Buchungssätze 62
Zuschlagssätze 140
zweifelhafte
  Forderung 166, 167

Reihe *leicht gemacht*®

Wirtschaftsrecht – *leicht gemacht*
Das gesamte Wirtschaftsrecht für Juristen, Betriebs- und Volkswirte und Studierende an Fachhochschulen und Berufsakademien

von Robin Melchior   Richter am Amtsgericht Berlin-Charlottenburg

In der bewährten fallorientierten Weise vermittelt das Buch eine Einführung in die juristische Organisation von Unternehmen, das Vertragsrecht der Kaufleute und ihre Verhaltensnormen im Rechtsverkehr: Gesellschaftsrecht, Haftung, Übertragung von Unternehmen und Anteilen, Jahresabschluss, Steuern, Vertragsrecht Marketing (Kauf, Internet-Handel, Franchise u.a.), Vertragsrecht Finanzen (Kredit, Sicherheiten, Beteiligungen u.a.), Unternehmen im Streit, Insolvenz, gewerblicher Rechtsschutz, Arbeitsrecht, Verwaltungsrecht, Gewerberecht, Kartellrecht, Europarecht.

*16,5 x 11,5 cm
kart., 348 Seiten
2005*

*ISBN
3-87440-208-8*

*16,80 €
Doppelband*

Erbrecht – *leicht gemacht*
Eine Einführung zu Erbfolge, Testament und Erbschaftsteuer mit praktischen Fällen

von Dr. Wolfgang Burandt LL.M., MBA (Wales), Rechtsanwalt, Fachanwalt
     für Familienrecht, Mediator, Hamburg
Julia Mundt   Rechtsanwältin, Hamburg
Anne Hauffe   Rechtsreferendarin, Hamburg

Irgendwann ist jeder Bürger mit den Problemen des Erbrechts konfrontiert – erbend oder vererbend. Auch dieses Werk führt in bewährter fallorientierter Weise in die wichtigsten Probleme ein – u.a. die gesetzliche Erbfolge, Testamente und Erbvertrag. Der in der Praxis immer wichtiger werdenden Unternehmensnachfolge und deren steuerlichen Aspekten wird besonderes Augenmerk zuteil. Die Autoren bieten einen ersten grundsätzlichen Überblick über die Materie, der nicht nur Studenten und Referendaren, sondern auch Finanzdienstleistern in und außerhalb von Banken als erster Einstieg dient.

*16,5 x 11,5 cm
kart., 120 Seiten
2005*

*ISBN
3-87440-205-3*

9,95 €

Internet: www.kleist-verlag.de   E-Mail: hassenpflug@kleist-verlag.de

Steuerrecht – *leicht gemacht*

Eine Einführung nicht nur für Studierende an Hochschulen, Fachhochschulen und Berufsakademien

von Dr. Stephan Kudert   Professor an der Europa-Universität Viadrina,
Frankfurt (Oder)

2., neu bearbeitete Auflage

Die in der Praxis relevantesten und in der Wissenschaft am meisten behandelten Unternehmenssteuern – ESt, KSt, GewSt, USt und AO – sind systematisch so dargestellt, dass der „rote Faden" auch für Laien erkennbar wird. Kurz aber präzise werden ebenso die Mitunternehmerbesteuerung und die Grundzüge des internationalen Steuerrechts – mit DBA-Recht, AStG und USt im EU-Binnenmarkt – erläutert sowie mit Leichtigkeit der Weg durch das Labyrinth der Rechtsprechung gewiesen.

16,5 x 11,5 cm
kart., 158 Seiten
2004

ISBN
3-87440-201-0

10,90 €

IFRS – *leicht gemacht*

Eine Einführung in die International Financial Reporting Standards

von Dr. Stephan Kudert   Professor an der Europa-Universität Viadrina,
Frankfurt (Oder)
und Dr. Peter Sorg   Professor an der Fachhochschule
für Wirtschaft und Verwaltung, Berlin

Das Buch ist als erste Einführung für Studierende an Universitäten, Fachhochschulen und Berufsakademien konzipiert, aber ebenso für Praktiker geeignet, die sich künftig mit der Internationalisierung der Rechnungslegung auseinandersetzen müssen. Daher ist dieser Band eine unerlässliche Lernhilfe für die Rechnungswesen- und Steuerklausur der Wirtschafts- und Rechtswissenschaftler, aber ebenso Beistand im Berufsalltag. Durch seine Darstellungsweise ist er auch für Laien verständlich.

16,5 x 11,5 cm
kart., 172 Seiten
2005

ISBN
3-87440-204-5

10,90 €

Internet: www.kleist-verlag.de   E-Mail: hassenpflug@kleist-verlag.de